JN128344

図解 メカトロニクス入門シリーズ

信号処理入門

改訂3版

雨宮好文　監修
佐藤幸男・佐波孝彦　共著

イラスト：廣 鉄夫

改訂2版監修のことば

『図解メカトロニクス入門シリーズ』の刊行は，1983年に始まりました．

当時はメカトロニクスということばが社会に認知され始めたころで，機械技術者の皆さんが「エレクトロニクスの勉強までしないと時代に遅れるのでは……」という危機感にかられ，セミナーが開催されれば受講者で満員の状況でした．

私たちは，「メカトロニクスを初めて学ぶ人がどのような内容を学んだら最も効果的か」を考え，執筆方針を立て，テーマを選んだのでした．狙いは的中しました．その証拠は，あれから数十年経ったいまでも，本シリーズが継続的に読者を獲得していることです．これまで10万人を超える皆さんに読んでいただきました．

今回，第1版に寄せられた，読者の皆さんからの数々のご注文をふまえて，改訂版を世におくることとしました．必要な細かい修正のほか，各章の末尾に「本章のまとめ」と「演習問題」を追加し，勉強に便利なようにしました．

さらにメカトロニクスの分野の進歩を，どの程度に持ち込んだらよいか，私たちは議論をしました．その結果，メカトロニクスの“アドバンス・コース”は世に出ているほかの参考書にゆずり，やはり本シリーズは，特徴とする「初めて学ぶ人が……」という執筆方針を守ろうということになったわけです．

ご愛読ください．

1999年1月

雨　宮　好　文

はじめに

新しい分野のことを学ぶ初学者は「入門書」をまず手にするのが普通です．しかし，入門書といいながらやたら難解であったり，あるいは雑誌の解説記事のようにすらすら読めても結局何も頭に残らず，という経験は誰にでもあるでしょう．特に目には見えない「信号」を対象とする本書のような分野では，よほど数学が得意な読者でなければついていけないような記述が中心となっている「入門書」を多く見かけます．といって理論を避けてすぐに役立つ技術のノウハウを羅列しただけでは，進歩の著しいこの分野ではすぐに内容は陳腐化してしまいます．

いまを遡ること 30 年以上も前，当時『図解メカトロニクス入門シリーズ』を編纂されていた雨宮好文先生から「寝転んで読める信号処理の本」の執筆を依頼されました。もちろんこれは「読みやすい本」の比喩なので，ただ寝転がって漠然と読み流していたのでは本質を理解することは難しいでしょう．しかし，もしもそれが，基本的で普遍的なことが腑に落ちるように書かれた本ならば，読み進むうちに寝転がってなどいられず，いつの間にか机に向かって熱心に学びたくなるに違いありません．そのような本が必要と考えました．そこで何よりも著者自身が「なるほど！」と膝を叩いて合点できた本質的な考え方や経験を少しずつ組み上げながら本書を執筆してみることにしました．

技術の一つひとつはばらばらにみえても，注意深くながめてみると意外とその基礎となる考え方の多くは共通していることに気づくはずです．したがって，最初は少し苦労しても基礎的な力をしっかり身につけておけば全体の見通しがよくなり，対象が少しぐらい変わったとしても，あまりあわてなくてすむでしょう．このようなことから，本書では信号処理を手掛ける人ならば最低これだけは知っておいてほしいという少数の項目に話題を絞り，その基本に流れる考え方をわかりやすく，筋道だてて説明するように心がけました．入門書だからといって適当にごまかすような記述はしていませんが，そうかといって数学的な厳密性を追求したわけでもありません．また，物理的な直感と理論的な大系が頭の中でうまく結びつくよう工夫したつもりです．

教科書としても長らく読まれてきた本書の基本は年月を経ても何ら古びることはありませんが，歴史を経て古くなった表現は修正が必要です．また，現在の技術の現場では，信号処理はコンピュータの利用抜きでは語れません．そこで本書を改訂するにあたり章立てを変更するとともに，ディジタル信号処理へのいとぐちとなる章を新たに加えることにしました．新たな章，第 9 章と第 10 章の執筆は佐波孝彦氏が担当しております．信号処理の基礎的理論から紐解き，ディジタル信号処理の応用まで理解を深めていただけたらと願っております．

2019 年 2 月

著者を代表して　佐　藤　幸　男

目　　次

1章　信号処理とは

2章　信号処理の例

3章　数学の準備体操

4章　相関関数

5章　フーリエ級数展開

6章　フーリエ変換

7章　DFTとFFT

8章　線形システムの解析

9章　信号のスペクトル解析

10章　ディジタルフィルタ

1章

信号処理とは

1・1　信号処理はどんなとき必要か

毎日使っている機械の調子がどうも変だ，妙な音がする――あなたが熟練した技術者ならば，こんなとき，この異音から機械の不良箇所を発見できるかもしれない．うなるような低い音ならば，軸受ががたついているか，ボルトがゆるんでいる可能性がある．シャリシャリと高い音ならば，油が切れているか，回転部が摩耗しているのかもしれない．音の信号の中に機械の状態を知らせる情報が含まれているとすると，熟練技術者のようにコンピュータが機械の故障を診断できるかもしれない．実際，旋盤加工機の切削音の信号から切削工具の交換時期をコンピュータに自動的に判断させる信号処理の技術がある．信号を使って対象の状態を判定しよう――こんなとき信号処理の技術が役に立つ．

周囲の雑音が大きくて肝心の音声がよく聴き取れない，ノイズをキャンセルして注目する音声信号を取り出したい，あるいは音声がより明瞭になるよう改善したい――こんなときにも信号処理の技術が役に立つ．

信号とは情報を含む物理量であり，それは音や振動，あるいは温度や光の強さかもしれない．ただそれらは，いずれも観測できるものでなくてはならないし，適当なセンサによって電気信号に変換されるのが普通である．

同じ処理でも，汚水処理などというと，あまり聞こえは良くないかもしれない．しかし，対象の中にいくつかの成分が含まれていて，必要な成分と不要な成分を分離したい，という点では信号処理も汚水処理も処理であることに違いはない．対象とする信号がどのような性質をもっているのか，またどのような成分が含まれているのかが，あらかじめわかっているときは，それらを抽出して処理することが信号処理の最終的な目標となるかもしれない．しかし，対象となっているものの性質がよくわかっていないときは，信号のもつ特性と，その物理的性質との関係をまず調べなくてはならない．つまり，信号の解析，言葉を変えれば信号の身元調査が必要となる．そんなときにも信号処理の理論が必要である．信号を解析することによって，それまでは気づかなかった対象の特徴が浮かび出てくるかもしれない．

信号処理の技術は，信号の合成にも役に立つ．たとえば“しゃべるロボット”は音声合成の技術を使っている．音声の成立ちがわかれば，それを利用して合成もできるわけである．こんなときにも信号処理の考え方が生かされる．

この本はどんな人に役に立つのか．「これから信号処理を勉強していきたいが，予備知識がないので，どの本も理解できず困っている」――こんな人に役に立つ，と著者は思っている．

1・2 どんな信号があるか

〔1〕 不規則な信号

図1·1にいろいろな信号の波形をあげてみた．上から順に (a) 音声波形，(b) 気温，(c) 地震動，(d) 金属表面の粗さ，の信号である．いずれも全く異なる物理量を表している．また (a)～(c) のように時間を変数とした信号もあれば，(d) のように物質表面のある方向の位置を変数とする信号もある．さらに，時間を変数にもつ信号であっても，軸のスケールはそれぞれ全く異なっている．物理単位がどうなのか，また変数のスケールがどうなっているのかは，実際に信号を処理するとき見落とすことができない大変重要な問題である．これからは特に注意し

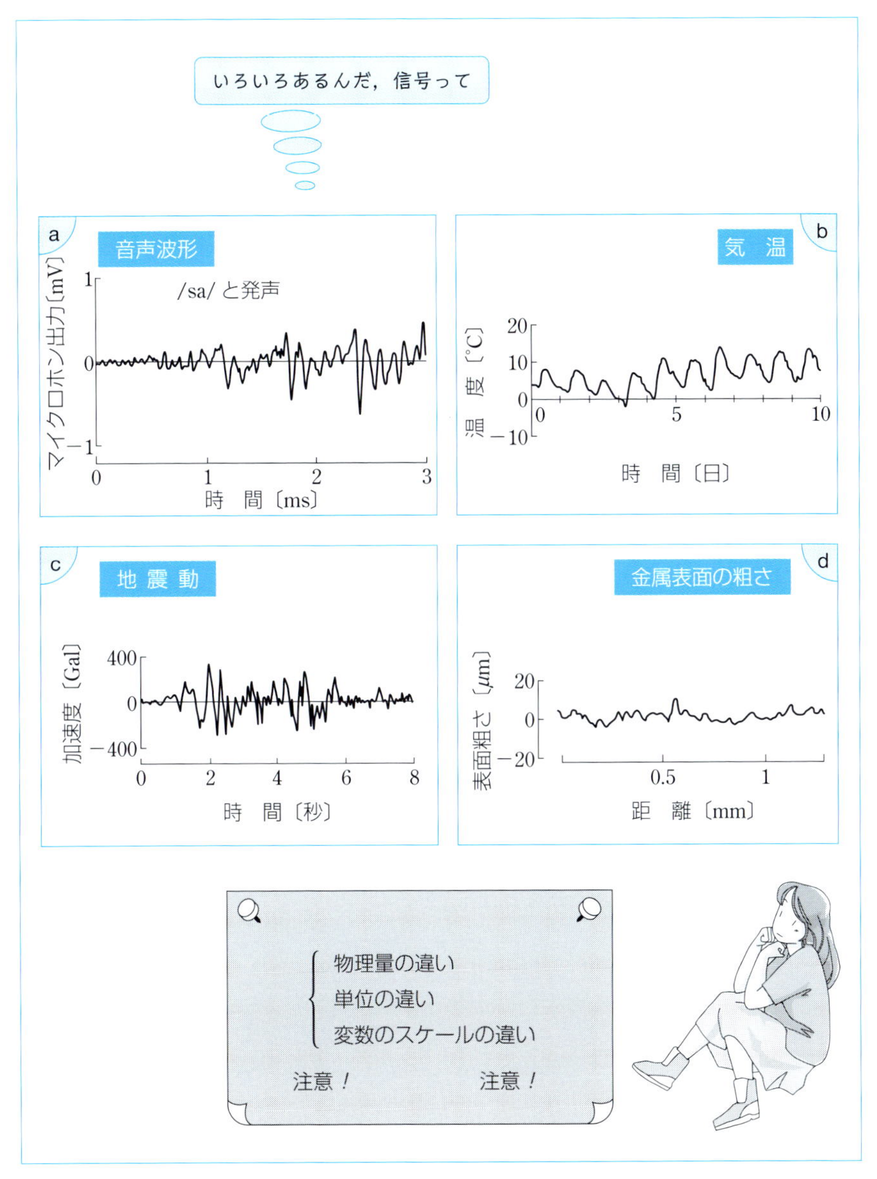

図 1・1　いろいろな信号波形

ないが，読者自身くれぐれも用心してほしい．

いまあげた信号は，いずれも時間あるいは位置といった一つの変数しかもたない信号であった．しかし，二つ以上の変数をもつ信号もある．その代表は，画像の信号である．**図 1･2** (a) はある画像を表している．画面上で直交する二つの座標軸 x-y をとり，ある点 (x, y) の画像の輝度（明るさ）を二変数の関数 $g(x, y)$ と表すと，これもやはり一種の信号と考えられる．実際に，図 (a) の画像信号 $g(x, y)$ を図で立体的に表すと，図 (b) のようになる．変数が一つの信号を 1 次元信号とよぶならば，二つの変数をもつこのような画像信号は 2 次元信号とよべる．さらに CT あるいは MRI 画像のように人体の内部を立体的に画像化する場合は (x, y, z) と三つの変数が必要となる．つまりその画像は 3 次元信号といえる．

ところで，以上の信号は，ある時刻（地点）での測定値がわかっても，その値がその後どのように変化していくのかは確定できないような信号ばかりであっ

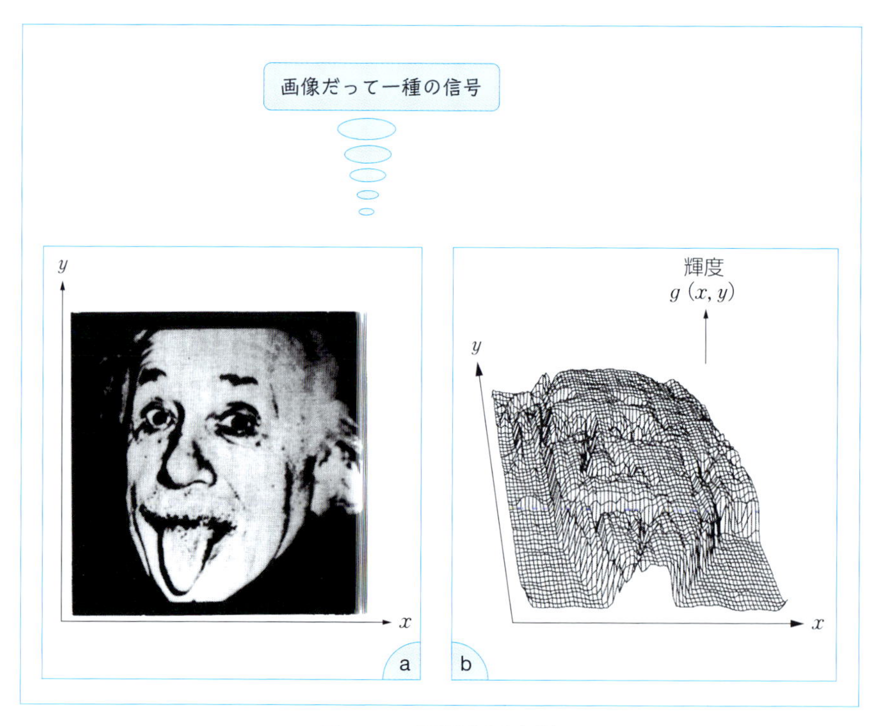

図 1・2　画像信号の表現

た．たとえば気温であれば，今日正午の気温がわかったとしても，明日正午の気温は，ある程度は予測できるとしても，正確に知ることはできない．このような信号を**不規則信号**（random signal）という．一方，どの時刻（地点）でもその値が特定できるような信号もある．たとえば音叉の音は，微妙なふらつきがあるとしても，きれいな単一の周波数の音の波を発生する．この波は三角関数によって表現できるので，観測点を決めると，そこでの音の強さは時間的な関数としてきれいに表現することができる．このような信号は**確定信号**（deterministic signal）とよばれている．

〔2〕 確定信号のいろいろ

確定信号の最も代表的なものは，なんといっても**正弦波**である．時間 t によって変化する正弦波 $f(t)$ は

$$f(t)=A\sin(\omega t+\theta)$$

の形で書ける．信号の大きさを表す A を**振幅**（amplitude），ω を**角周波数**（angular frequency），また θ を**位相**（phase）とよぶ．

正弦波のように，ある一定の時間間隔で同じ波形が繰り返される信号は**周期信号**（periodic signal）という．周期信号の周期が T のとき，この信号は時間軸方向に T，あるいは $2T$，$3T$，…ずらしてもやはり同じ波形の信号となる（**図1・3**）．一般的な形で書くならば，周期信号とは整数 n（$n=0$，±1，±2，…）に対し

$$f(t+nT)=f(t)$$

となるような信号である．ところで $\sin t$ という関数は $T=2\pi$ の周期をもつと同時に，4π，6π，…をも周期としてもっている．これからわかるように，周期信号は整数倍の間隔で周期をもつわけである．最も短い周期は特に**基本周期**とよばれている．

正弦波以外でよく現れる周期信号には方形波（矩形波），のこぎり波（鋸歯状波），三角波などがある（**図1・4**）．

ある短い時間間隔内に信号のエネルギーが集中しているような信号，たとえば，**図1・5**のような単発的な信号を**パルス信号**という．また，もう少し広い意味では，エネルギーが有限で，十分に時間がたつと消えてしまうような信号を**孤立波**という．周期信号は無限の区間にわたってエネルギーをもつ信号なので，もちろん孤立波ではない．

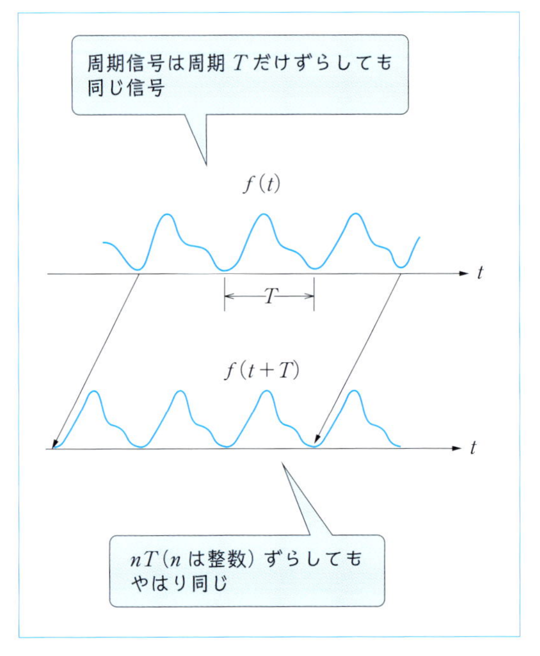

図 1・3　周期信号とは

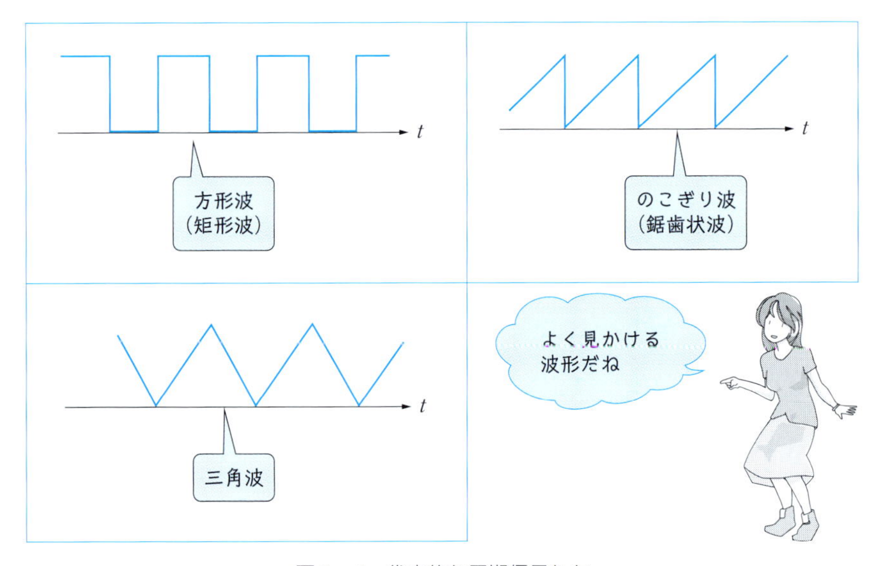

図 1・4　代表的な周期信号たち

せる．2進数の桁の単位を**ビット**（bit：binary digit の略）という．1ビットでは0と1しか表せないが，2ビットあれば0〜3，3ビットあれば0〜7の数が表せる．つまり，nビットで$0 \sim 2^n-1$の値が表せる．

さて，2進数$(110101)_2$は10進数ではいくつになるだろうか．これを考える前に，10進数で表される数，たとえば$(123)_{10}$の意味を考えてみよう．この最高桁の1は100（$100=10^2$）が一つあることを意味している．また次の2は10（$10=10^1$）が二つあることを意味し，最後の3は1（$1=10^0$）が三つあることを表している．つまり，各桁にはそれぞれ，100，10，1の重みがかかっている．したがって，10進数で123とは

$$
\begin{aligned}
(123)_{10} &= 1\times100+2\times10+3\times1 \\
&= 1\times10^2+2\times10^1+3\times10^0
\end{aligned}
$$

のことである．これと同じように，2進数もそれぞれの桁には重みがかかっている．その重みは下位n桁目で2^{n-1}である．したがって先の2進数値$(110101)_2$は10進数で表すと

$$
\begin{aligned}
(110101)_2 &= 1\times2^5+1\times2^4+0\times2^3+1\times2^2+0\times2^1+1\times2^0 \\
&= 1\times32+1\times16+0\times8+1\times4+0\times2+1\times1=(53)_{10}
\end{aligned}
$$

となるわけである．2進数の最上位ビットを**MSB**（most significant bit，最も重要なビット），最下位ビットを**LSB**（least significant bit，最も重要でないビット）という．

2のべき乗1，2，4，8，16，32，64，128，256，512，1 024，…はいろいろな場面でよく出てくるので，覚えておくと便利である．ところでコンピュータで扱うデータ量の単位として，ビットのほかに**バイト**（byte）とよばれる単位も日常的に用いられる．もともとは複数ビットを表す単位だったが，いまでは1バイトは8ビットを表す単位として国際規格で定められている．1バイトで256種類の数値や文字を表せる．

1・4 サンプリング問題

アナログ信号をディジタル信号に変換するとき，サンプリングの間隔は広いほうが，また量子化は粗いほうが，信号を表すデータの量が減少するので都合が良い．しかし，かといってあまりデータ量を減らしすぎると，信号のもっている重要な情報を失ってしまうおそれがある．また，サンプリングの方法が適当でないと，不要な信号成分を一生懸命に処理する羽目に陥ってしまうかもしれない．し

たがって，サンプリングをいかに行うかは，信号処理で最初に出会う，最も基本的な問題の一つである．ここではまず，気温のデータを例にとってサンプリングについての簡単な問題を考えてみることにしよう．

図 1·7 (a) は，1 時間おきに測定された，ある年の東京の気温グラフである．データの点数は全部で 24〔点/日〕×365〔日〕=8 760〔点〕である．いま，1 日の中で気温がどのように変化するかということを知りたいのならば，1 時間おきに測定されたデータをそのまま使えばよい．しかし，1 日ごとに気温がどのように変化するのかを見たい場合はどうしたらよいのだろうか．このときは，1 日の気温を代表するにふさわしい気温をなんらかの方法によって決めなくてはならない．その一つの考え方は，毎日ある決まった時刻の気温で 1 日の気温を代表させることだろう．しかし，この場合は測定を昼にするか，夜にするか，測定する時

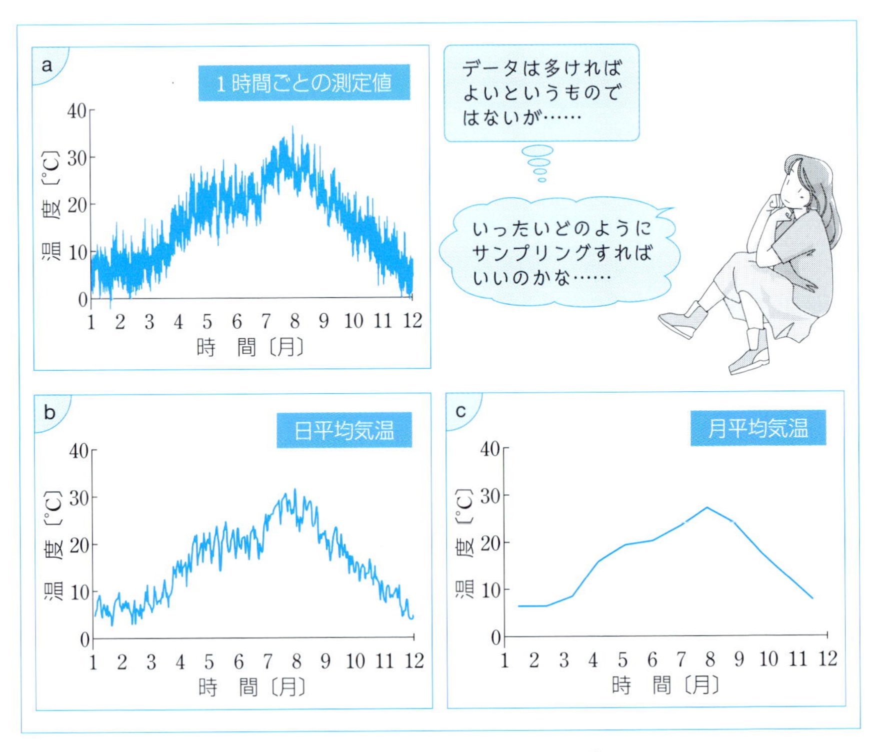

図 1・7　気温変化のサンプリング

刻によって結果に差が出てきてしまうので具合が悪い．それよりは，1日中の気温の平均をとり，それを1日の気温として代表させたほうがよかろうということになる．図(b)はそのような処理の結果であり，365日間，それぞれの日の平均気温を求め，グラフにしたものである．一方，図(c)は月ごとの気温変化のグラフである．これもやはり，各月の平均気温によって，その月の気温を代表させている．このように，注目する期間の単位によってサンプリングの方法も変わってくる．つまり，一般の信号の場合も，いったいどのような情報を信号から得ようとしているのかを十分考えながらサンプリングを行わなくてはならない．

画像信号のような2次元信号の場合はどうなるのだろうか．A-D変換された画像は縦横に碁盤の目のように配列された多数の点の集まりとして表現される．この点の一つひとつを**画素**（ピクセル，pixel）とよぶ．画素が多いほど精細な画像を表現することができる．つまり解像度が上がる．また，輝度の量子化の単位を**階調**とよぶ．階調の数が多いほどコントラストは明瞭になる．**図1・8**は，画素数と階調数によって画像の表現がどう変化するのかを表している．これを見ると，明らかに右上の画像ほど精細さとコントラストが向上し，画像としての品質が高まっていることがわかる．

ところで，最下段の画像の階調数は2である．つまり，輝度を表現する値は明か暗の二つしかなく，これを表すためには各画素1ビットの情報で足りる．このような画像は，特に**2値画像**とよばれている．

いままでの話ではサンプリングの問題を経験的に見ただけだが，もう少し具体的に考えたらどういうことになるだろうか．ここでは，信号のサンプリングの間隔をどの程度に選べば適当なのかを考えることにしよう．まず，**図1・9**のような周期Tの正弦波のサンプリングを見てみよう．図(a)の場合には，黒い点で表されたサンプル点をそのまま結んでも正弦波の形を十分に表せるので，このサンプリングは十分に細かな間隔で行われていることはすぐに見てとれる．それでは，サンプリング間隔（サンプリング周期）をもっと広くしたらどうだろうか．図(b)は，サンプリングの間隔を信号の周期と同一にした場合を示している．見てわかるように，サンプリング結果は直流波形と全く見分けがつかない．したがって，どうやらこのサンプリング間隔は広すぎるようである．

それでは，これよりもう少しだけサンプリング間隔を狭め，図(c)のように信

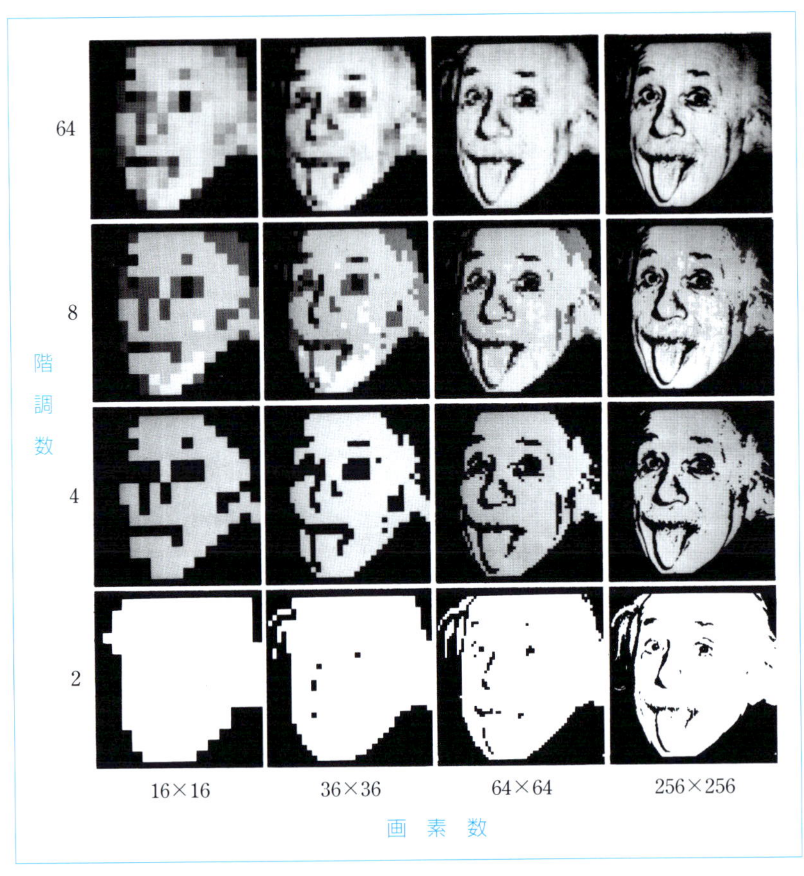

図 1・8　画像の画素数と階調数（アインシュタインの顔を A-D 変換すると）

号の周期の 1/2 としたらどうだろうか．見ればわかるように，この場合はちょうど値が 0 の点をサンプリングしてしまうことになり，やはり具合が悪い．しかし，これよりもほんの少しだけサンプリング間隔を狭めたらどうだろうか（図(d)）．すると，どうやらこれならば，元の正弦波の波形をとらえることができそうである．

しかし，サンプル点のすべてを通過するような正弦波はほかにいくらでもあるのではないか．もしそうだとしたら，サンプル点列から元の正弦波を正確に再現することはできないのではないか，そう思うかもしれない．でも，安心してほし

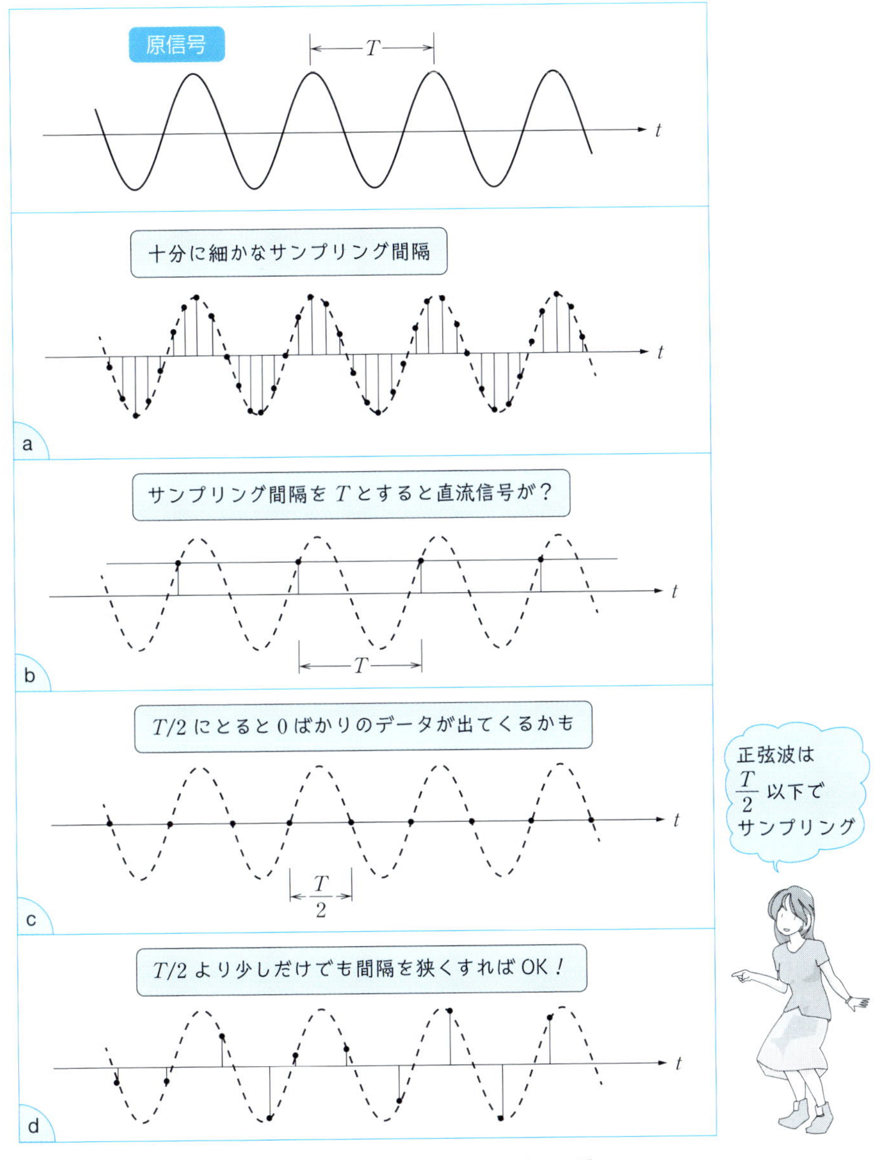

図 1・9　正弦波のサンプリング

い．確かに，いま考えている正弦波よりも周波数が高い正弦波の中にはそのようなものもある．しかし，それよりも低い周波数の正弦波の中にはそのようなものはない，ということが，実は理論的にわかっているのである．だから，サンプル値の点列が与えられれば，それからある一つの正弦波（もちろんその周期はサンプリング間隔の2倍以上）を正確に再現することが可能なのである．

以上の結果から，ある正弦波をサンプリングするときは，その周期の1/2よりも狭いサンプリング間隔を選ばなくてはならないことがわかった．このことを周波数によって表現すると，周波数 f_c の正弦波に対しては $2f_c$ 以上の周波数でのサンプリングが必要，ということになる．このサンプリング周波数 $2f_c$ を**ナイキスト周波数**（Nyquist frequency）とよぶ．ずっと後の章で述べることではあるが，信号はいろいろな周波数の正弦波の和として表される．したがって

信号の中に含まれている有効な信号成分の中で，最も高い周波数が f_c のとき，ナイキスト周波数 $2f_c$ 以上の周波数でのサンプリングが必要である．

これを**サンプリング定理**という．

ところで，ナイキスト周波数より低い周波数で信号をサンプリングしてしまったとしたら，どのような問題が生じるのだろうか．この様子を**図1・10**で見ていこう．これを見ると，本来はこの信号に含まれていないはずの低い周波数成分が幽霊のように現れていることがわかるだろう．蛍光灯のもとで扇風機のスイッチを入れると，回転が上がるにつれ，羽根の回転とは逆方向，あるいは同方向にゆっくりと回転するしま模様が見えることがある．これは電源周波数での光の点滅と扇風機の回転速度との関係によって起こる現象であるが，信号のサンプリングにおける幽霊の信号の現象と理屈は同じである．この現象は**エイリアシング**（aliasing）とよばれている．

エイリアシングが起こると，信号の中に実在しない波形を観測してしまうことになり，サンプリングされた信号が本当の信号成分を表しているのかどうか判別できなくなるので始末が悪い．エイリアシングはサンプリングしてしまった後では取り除くことはできないので，これを避けるためには，サンプリングを行う前

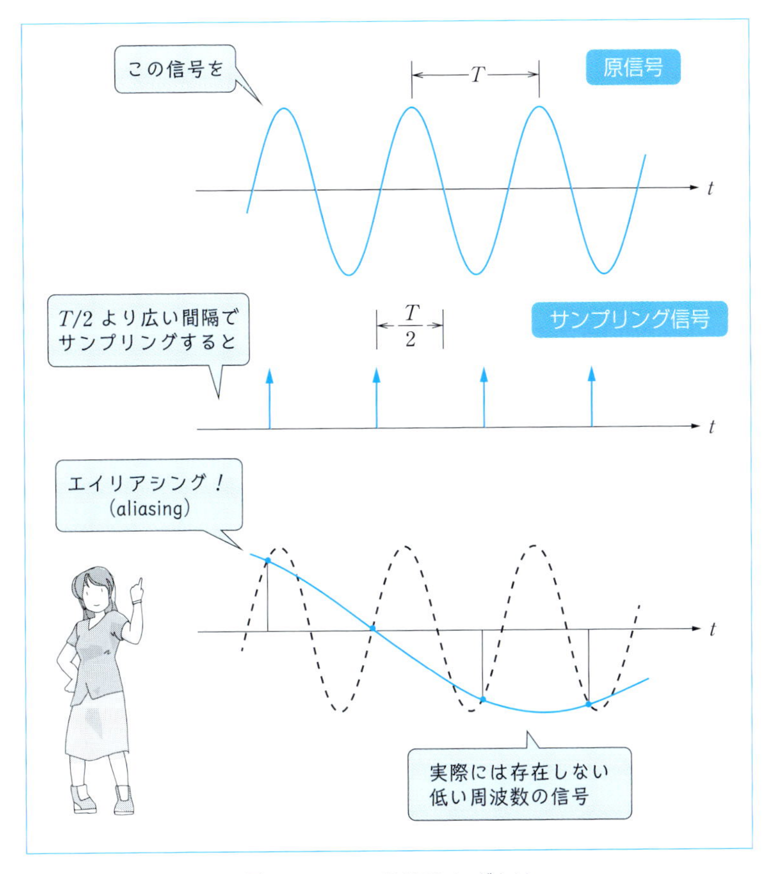

図 1・10　エイリアシングとは

に信号から不要な高い周波数を取り除いておけば良い．つまり，元の信号を低域通過フィルタ（low pass filter）に通し，不要な高い周波数成分をあらかじめカットしておいてからサンプリングを行うのである．

本章のまとめ

1　信号は情報を含む物理量である．信号を解析するためにはまず，信号がどのような量を表し，何が変数なのか，その単位は何か，よく考えなくてはならない．

2 現時点以降，値がどのように変化していくのかを正確に特定できない信号を不規則信号，特定できる信号を確定信号という．確定信号の代表である正弦波は，角周波数，振幅，位相で表される．周波数と周期は逆数の関係にある．

3 周期信号は，その周期の整数倍だけ時間方向にずらしても変わらない信号である．正弦波以外にも方形波，のこぎり波，三角波などがある．単発的な信号はパルス信号あるいは孤立波という．

4 ディジタル信号はアナログ信号を離散化（とびとびの値に変換）することによって得られる．時間に対する離散化をサンプリング（標本化），信号の大きさに対する離散化を量子化という．アナログ信号からディジタル信号への変換を A-D 変換，その逆を D-A 変換という．

5 信号を A-D 変換するときは，信号に含まれている最高周波数成分の 2 倍の周波数（ナイキスト周波数）以上でサンプリングしなくてはならない．これをサンプリング定理という．ナイキスト周波数以下でサンプリングすると，本来の信号には含まれていないはずの低い周波数成分が現れてしまう．この現象をエイリアシングという．

演習問題

1 画素数が 512×512 で，階調数が 256 の白黒画像がある．この画像を保存するためのメモリ容量はいくらか．

2 音声は 5 kHz 程度までの周波数成分があれば良好に聴き取ることができる．マイクロホンで集音された音声信号を A-D 変換するためにはどのようにしたらよいか．

3 CD（コンパクトディスク）の容量は約 700 MB（バイト）あり，音の信号を 80 分ほど記録する．ところが，ディジタルオーディオプレーヤーや携帯電話に音楽を記録すると，その十数分の一の容量しか必要としない．その理由を調べなさい．

2章

信号処理の例

2・1　波形の平滑化

この章では，信号処理の具体例を実際のデータの処理結果を示しながら説明していくことにしよう．

信号に含まれている微量なノイズを除去したり，波形の細かな変動を取り除き，ゆるやかで大まかな信号の変化を見たいときは波形を滑らかにするとよい．この処理は波形の**平滑化**という．先に見た気温グラフ（図1·7(c)参照）の例では，月ごとに平均気温を求めることによって，1年間の気温のゆるやかな変化を見ることができた．この操作は各月の中央の点を中心として，その前後半月間の範囲の測定値の平均をとったことに相当するが，年間でたかだか12個の点を代表点として選んだにすぎないので，得られたグラフはゴツゴツした折れ線になってしまった．しかし，この操作を各月の中央の点についてだけでなく，測定されたすべての点に対して同じように行えば，折れ線ではなく，滑らかな曲線のグラフが得られるであろう．この操作は**移動平均**（moving average）とよばれる．

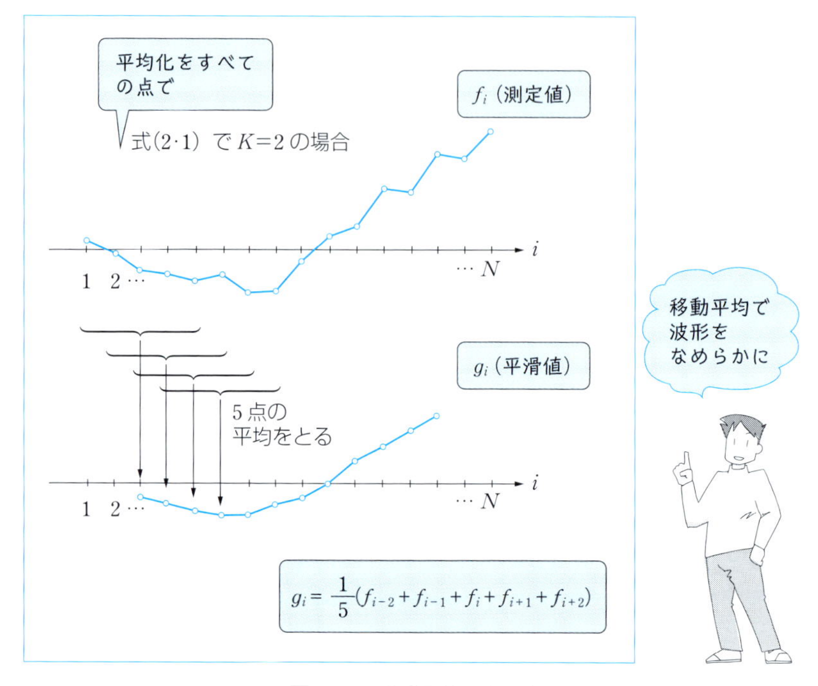

図 2・1 移動平均のとり方

つまり，注目する測定点の前後のある範囲の測定値を考慮し，その平均値をとっていくのである（**図 2·1**）.

ディジタル信号が N 個の測定点の列 $\{f_1, f_2, \cdots, f_N\}$ すなわち

$$\{f_i,\ i=1, 2, 3, \cdots, N\}$$

で与えられているとしよう．このとき，注目する点 i の値を，その前後 K 個の点を考慮して，その平均値をとる．つまり，ある点 i の新たな値 g_i を，その点を含む $2K+1$ 個の点の平均として

$$g_i = \frac{1}{2K+1}(f_{i-K} + f_{i-K+1} + \cdots + f_i + \cdots + f_{i+K})$$

のように平滑値を定めるのである．この式は，総和の記号を使うと

$$g_i = \frac{1}{2K+1}\sum_{k=-K}^{K} f_{i+k} \tag{2・1}$$

とも書ける．ところで，i 軸の両端では平滑値が計算できない部分が生じるので，

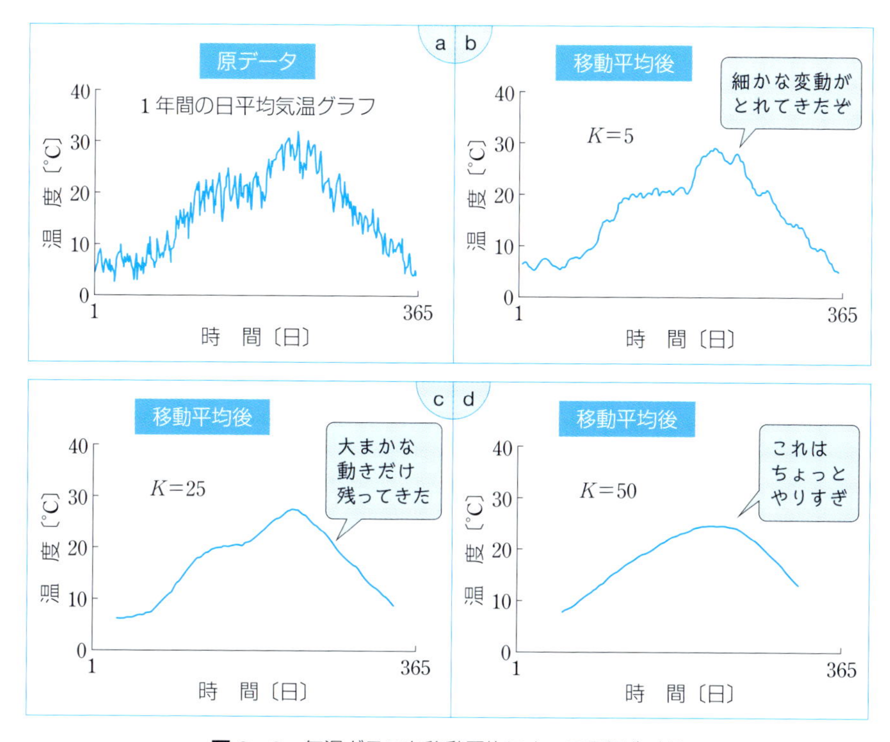

図 2・2　気温グラフを移動平均によって平滑化する

i がとりうる範囲は $i=1+K, 2+K, \cdots, N-K$ となることに注意しよう．

図 2･2 は，1日の平均気温を1年間365日にわたって表したグラフである．これに移動平均の処理をかけてみよう．考慮する点の範囲を与える K の値が大きくなると，しだいに波形も滑らかになっていくことが，この図からわかる．K の値は小さすぎると平滑化の効果は薄いし，大きすぎるとノッペリとした波形になってしまう．この事実からもわかるように，移動平均とは信号波形から激しく振動する信号の成分，つまり高い周波数成分を除去する操作でもある．そして，除去する周波数の範囲は K の値によって変わるのである．

考慮する点の範囲を，注目する点の前後にとらず，その前だけにとっても同じような平滑化の効果が得られる．これは

$$g_i=\frac{1}{K+1}(f_{i-K}+f_{i-K+1}+\cdots+f_i)$$

すなわち

$$g_i = \frac{1}{K+1} \sum_{k=-K}^{0} f_{i+k} \quad (i=1+K,\ 2+K,\ \cdots,\ N) \tag{2・2}$$

と定義すればよい．

いま見てきた移動平均の方法では，考慮する前後の点のすべては同じ程度に重要であるとみなしていた．しかし，注目している測定点に近い点ほど，その点にとって重要性が高く，離れるほど重要性は低下するとみなすのが自然である場合も多い．このようなときは，移動平均をとるとき，重要性に応じて各点に重みをつけるとよい．つまり式としては

$$g_i = \sum_{k=-K}^{K} w_k f_{i+k} \quad (i=1+K,\ 2+K,\ 3+K,\ \cdots,\ N-K) \tag{2・3}$$

と書ける．点に重みを与える係数 w_k は，測定値のスケールが変わらないように

$$\sum_{k=-K}^{K} w_k = 1$$

と選んでおくのが普通である．重み関数 w_k の形はいろいろ考えられるが，よく用いられるのは**図 2･3** のようなガウス形の重み関数である．

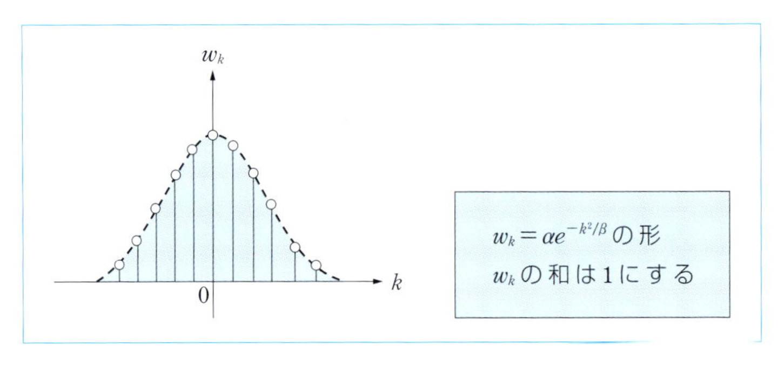

図 2・3　重み関数の例（ガウス形）

2・2　雑音の圧縮

信号が雑音の混入によって乱されているとき，なんとかして雑音の成分を圧縮し，信号成分を取り出したいとしたら，いったいどうすればよいのだろうか．もっとも，このような場面でまずなすべきことは，最初から信号処理の技術に頼る

ことではなく，雑音が混入する原因を突きとめ，その除去に努めることである．たとえば，長いケーブルを使って電気信号を送っているときは，まず電圧やインピーダンス，ケーブルの種類などを点検し，電気的な知識を動員して雑音が入り込む要因を取り除くことが必要である．それでもうまくいかないときは，ケーブルを光ファイバに置き換えることなども検討すべきかもしれない．しかし，そのような努力にもかかわらず，どうしても雑音の除去が不可能なときは，信号処理の方法に期待をかけることになるだろう．

雑音の周波数が高く，その大きさも微量であるならば，平滑化の方法によってもある程度雑音の圧縮が可能である．しかし，雑音成分が大きく，その周波数もあまり高くないとしたら，平滑化の方法は有効ではない．そこでこの節では，信号が雑音で乱されながらも周期的に何度も繰り返し送られてくるような場合に有効な雑音圧縮の方法を考えていくことにしよう．これは**同期加算**あるいは**平均応答法**とよばれる方法である．

いま，受け取った信号を $f(t)$ としよう．$f(t)$ の中には，本来の信号の成分 $s(t)$ と雑音の成分 $n(t)$ が含まれている．つまり

$$f(t)=s(t)+n(t) \tag{2・4}$$

である．この信号が繰り返し送られ，しかも信号の位置（時間的起点）が常に一定の位置にそろえられるとしよう．波形の時間的な起点をそろえることを**同期をとる**という．k 回目に受信した信号を $f_k(t)$ と書く．混入する雑音の波形は受信のたびに異なっているので，これは $n_k(t)$ と書いておく．一方，本当の信号成分 $s(t)$ は，信号の同期がとれていれば，$f_k(t)$ の中でいつも同じ位置にあるはずである．したがって，受信信号 $f_k(t)$ は

$$f_k(t)=s(t)+n_k(t) \tag{2・5}$$

のように表せる．

さて，この信号 $f_k(t)$ を何度も受信し，その平均をとってみよう．信号の平均をとるとは，受信回数が N であるとき

$$\begin{aligned}\frac{1}{N}\sum_{k=1}^{N}f_k(t)&=\frac{1}{N}\sum_{k=1}^{K}\{s(t)+n_k(t)\}\\&=\frac{1}{N}\sum_{k=1}^{N}s(t)+\frac{1}{N}\sum_{k=1}^{N}n_k(t)\end{aligned} \tag{2・6}$$

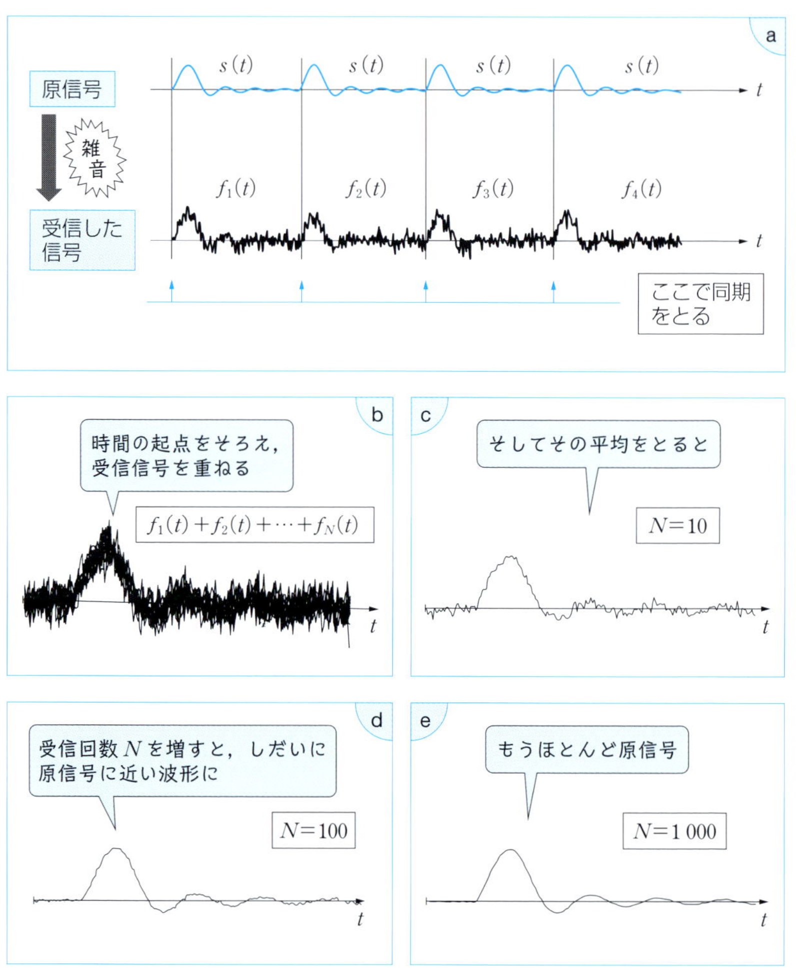

図2・4　同期加算で雑音圧縮（平均をとると雑音成分が消えてくる）

を求めることである．この様子を実際に**図2·4**で見てみよう．図からわかるように，受信回数が多くなるにつれ雑音の成分は減少し，本来の信号成分がしだいに顕著になってきている．これはなぜだろう．式(2·6)で右辺の第1の総和は，同じ関数$s(t)$をN回加え，Nで割るのだから，明らかに$s(t)$そのものになる．それでは第2の総和はどうなるだろうか．

ここでちょっとサイコロの問題を考えてみよう．いま，サイコロを何回か振り，出る目の平均をとるとする．振る回数が少ないときはその値は定かではないが，十分に多くなると，ある値に落ち着いていくはずである．なぜならば，サイコロの各目の現れる確率はどれも等しい．したがって，試行回数を増していくと各目が出現する頻度は同じくらいになるので，その平均はしだいに

$$\frac{1+2+3+4+5+6}{6}=\frac{21}{6}=3.5$$

に近づいていくからである．一方，雑音であるが，これは，普通，ガウス性の分布を仮定できることが多い．**図2・5**の右のグラフは**確率密度関数**とよばれるもので，雑音の値と，その値が出現する確率を表している．つまり，0の付近の値が現れる確率が高く，0よりも離れた値が現れる確率は，滑らかに減少していく．この確率分布は正規分布（ガウス分布）としてよく知られたものである．

サイコロの場合は各目の現れる確率は等しいので，その確率分布は一様分布とよばれていることはご存じだろう．正規分布であっても一様分布のときと同じように，何度も値をとり，その平均を求めれば，ある一定の値，つまり平均値に近づいていく．雑音の場合，普通，それは0である．雑音の値はサイコロの目がそうであるように，その発生の仕方には相関がない．つまり，前に現れた値とは無関係に次の値が現れる．そして，その値は0を中心に分布する．したがって，多数の測定値を加算しながら平均をとると，その値は結局は0に近づいていく．

このようなことから，われわれが注目していた先の式(2・6)の第2の総和，つまり，雑音の成分はあらゆる時間tにおいて0に近づいていくはずである．したがって，雑音に乱されながらも同じ信号成分を含んだ信号波形を同期をとりなが

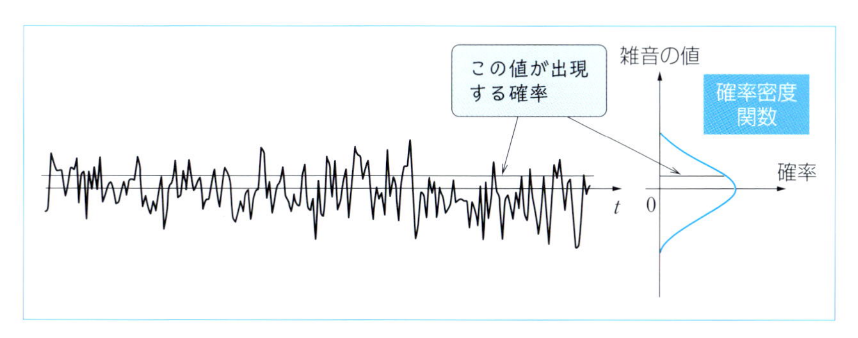

図2・5 ガウス性雑音とは

ら加算していき，平均をとると，結局

$$\frac{1}{N}\sum_{k=1}^{N} f_k(t) \xrightarrow{N\to\infty} s(t)$$

となり，雑音の成分が減少し，本来の信号成分が現れてくるのである．

本章のまとめ

1 移動平均法は，信号の細かな変動や雑音を圧縮する平滑化の処理である．サンプル点ごとにその周囲の値の平均をとっていく．平均をとる範囲の広さに注意する．また測定点との近さに応じた重みを加えて加算する方法もある．

2 雑音が加わりながらも信号が繰り返し送られるとき，各信号の同期をとって平均をとることにより雑音を圧縮できる．この方法を同期加算あるいは平均応答法という．

演習問題

1 画像を移動平均によって平滑化する方法を考えなさい．

2 文字の画像が2値画像として与えられている．文字図形の輪郭を抽出するための処理方法を考えなさい．

ここまではバッチリかな？
次は数学の準備体操
をしよう

3章

数学の準備体操

3・1　信号処理を学ぶために

前の章では，信号処理としては比較的に単純な方法のいくつかを，直感的に理解しやすい例を用いて述べてきた．しかしながら，もう少し広く，そして深く信号処理を学んでいくためには，どうしても数学の手助けが必要となってくる．これもある意味では仕方がないことで，信号がもともとは物理的な量を示すものであったとしても，それがいったん関数あるいは数値の列に置き換えられたら，それから先は，その関数あるいは数値をいかにして処理するかというのが，信号処理の問題となるからである．

しかしながら，そうはいっても，"…"を"…"と定義する，というよく見かける本の記述法に従ってこれからの話を進めていくと，よほど数学の好きな人でない限り，それについていくことは耐えがたくなるに違いない．というのは，どうしてそのように定義しなくてはならないのか，その理由がちっとも理解できないからである．そのようなことがあって，この章では皆さんに数学の準備体操をしてもらうことにした．本章をざっと読んでもらえば，後の章から出てくる，いろいろな数式の背景となっている考え方が理解しやすくなるに違いない．手品のタネ明かしと同じで，背景がつかめていれば，ちょっと見ると複雑そうな数式も「なんだ，そんなことなのか」と合点がいくだろう．

3・2　信号の表現

第1章では，時間的に変化するアナログ信号 $f(t)$ を，適当な時間間隔でサンプリングすることによってディジタル信号に変換できることを示した．十分に細かな間隔で信号がサンプリングされていれば，このディジタル信号によって，元のアナログ信号を精確に再現できる．時間 t の区間 $[a, b]$ を等分してサンプリングしたディジタル信号 f を，N 点のサンプル値の系列で

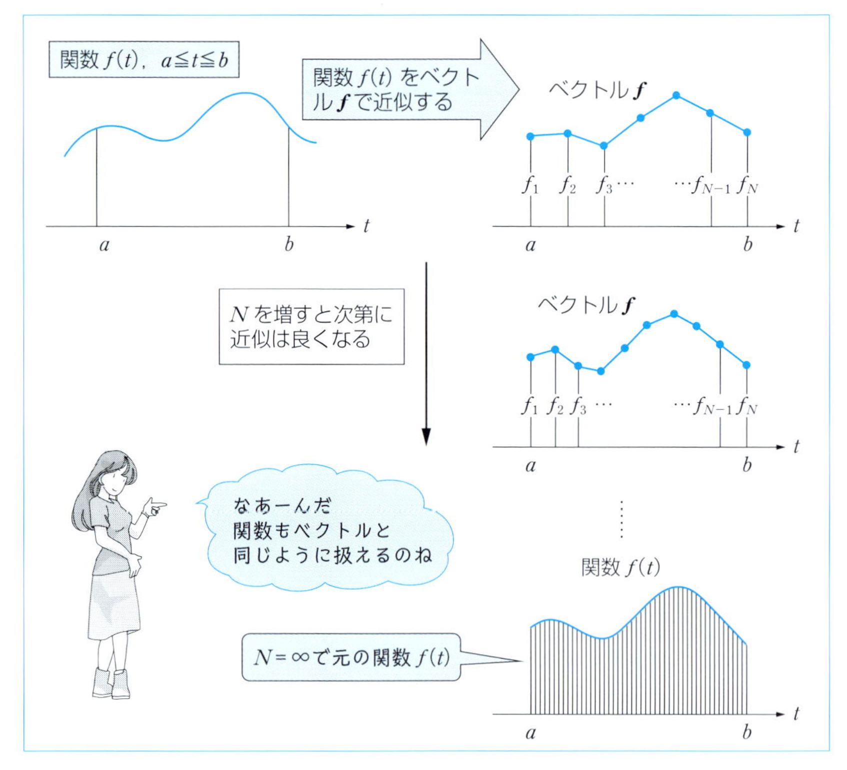

図3・1　関数をベクトルで近似して表現する

$$\boldsymbol{f}=(f_1, f_2, \cdots, f_N)$$

と書くと，$\boldsymbol{f}$ は N 次元のベクトルとして表現されることになる（順序づけられた N 個の数値の組で表される量を N 次元ベクトルという）．$\boldsymbol{f}$ の $f(t)$ に対する近似の良さはサンプル数 N によって変わり，N を増していけば，その近似度はどんどん良くなっていく．これを極限にまで拡張したとき，つまり N を無限大としたとき，もはや $f(t)$ がもつすべての情報は $\boldsymbol{f}$ に含まれるはずである（**図3･1**）．ということは，そもそもの目的が時間的に変化する信号 $f(t)$ を解析することにあったとしても，$f(t)$ が特別な信号でない限り，ベクトル $\boldsymbol{f}$ をその代わりに解析しても本質的には同じはずである．

2次元ベクトルは，2次元空間つまり平面上において，ある一つの点に対応した（**図3･2**）．また，3次元ベクトルは3次元空間中の1点に対応し，3次元以上

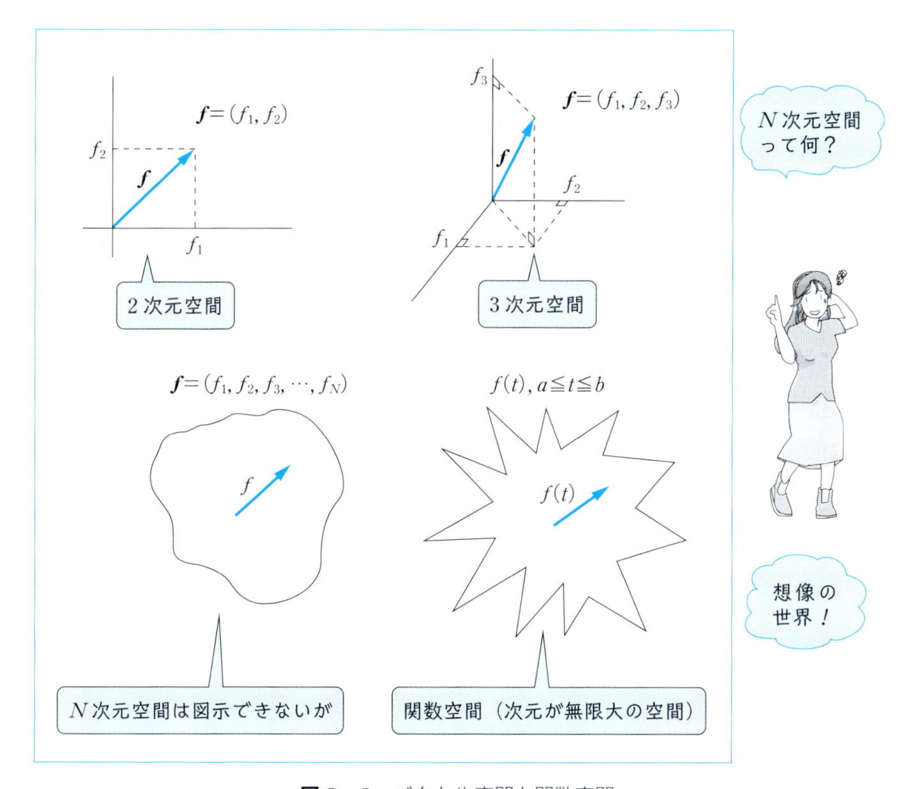

図3・2 ベクトル空間と関数空間

の N 次元ベクトルは，残念ながら図示はできないが，N 次元空間中の 1 点に対応する．ということは，次元 N をどんどん大きくし，ついには次元が無限大の空間というのを仮に想像してみると，連続な関数 $f(t)$ はその空間の 1 点に対応すると考えられる．目には見えない，無限次元のこの抽象的な空間を**関数空間**とよんでおく．

2 次元空間，つまり平面上のベクトルに関し，距離や内積などを使ってベクトルの大きさや角度が表せることを皆さんはすでに学ばれたと思う．われわれが処理しようとしている信号がベクトルの形で表されるならば，そのベクトルの大きさや角度を使って信号の性質を解明していけるかもしれない．ベクトルの距離や内積は，2 次元以上のもっと高い次元のベクトル空間にも発展させて定義していくことができるが，さらにそれをおし進めていくと，関数空間においてさえもこれらの概念が利用できるようになる．つまり，関数空間においても距離や内積を定義し，関数の大きさとか角度などを議論できるようになる．そのうち，関数が直交するなどといういい方も出てくるが，これもベクトルの直交の拡張だと思えば，たとえ式が一見複雑であっても，その概念は自然で単純であることがわかるだろう．

皆さんは，そのような概念が信号処理に何の関係があるのかといぶかるかもしれないが，信号処理の重要なテーマである相関関数やフーリエ解析は実のところ，関数空間へと拡張して定義された距離や内積とかの性質をうまく利用したものなのである．その理論は数学的に整然としているので，細かな論理の一つひとつにも目が奪われてしまうかもしれない．しかし，とにかく信号処理を学びたいというわれわれにとっては，すべての理論が必要不可欠というわけでもない．木々の美しさに見とれ，足を止めてしまうことなく，とにかく山頂まで登ってみよう．そこから見下ろせば全体の見通しも良くなるに違いない．

数学的準備の最初として，まず 2 次元ベクトル空間で学んださまざまな性質を振り返り，それから多次元空間，さらには関数空間へと話を発展させていくことにしよう．

3・3 2 次元ベクトルの距離と内積

ある信号 $f(t)$ をサンプリングして，二つの値 f_1，f_2 を得たとする．同様にし

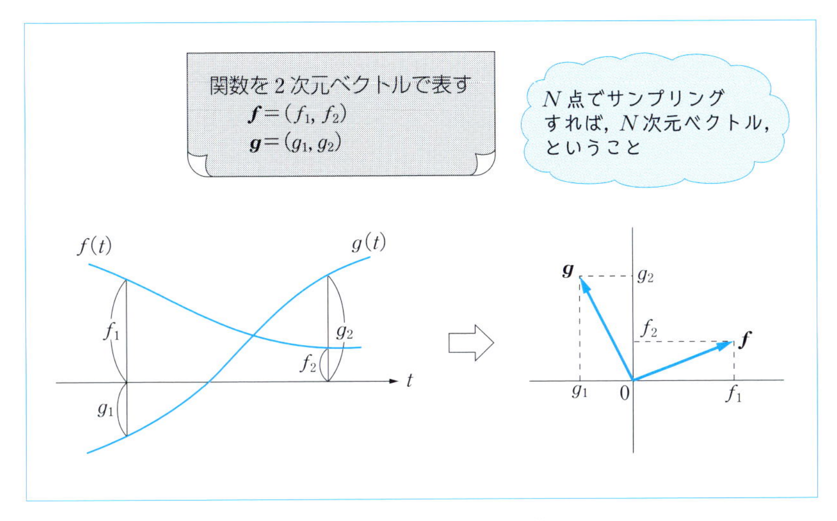

図 3・3　関数をベクトルで表す

て，ある信号 $g(t)$ に対しても，二つの値 g_1，g_2 を得たとする（**図 3・3**）．これらの値から，二つの信号 $f(t)$ と $g(t)$ の関係の強さを知りたいとしたら，どうすればよいのだろうか．たった二つの値しかサンプリングしていないので，元の信号に対する近似度は良くないかもしれないが，先にも述べたようにサンプリングの数をどんどん増やせばこの問題は解決されるので，とりあえずは 2 点のサンプリングの場合について考えてみよう．

いま，それぞれの信号の系列から二つの要素をもつベクトル，つまり 2 次元のベクトルが決まる．これを記号でそれぞれ $\boldsymbol{f}$，$\boldsymbol{g}$ と書くと，これらは

$$\boldsymbol{f}=(f_1, f_2) \qquad \boldsymbol{g}=(g_1, g_2)$$

と表せる．信号がこのようにしてベクトルとして表現されたならば，二つの信号の関係を調べるということは，すなわち，これらのベクトルの関係を調べるということにほかならない．その方法にはどんなものがあるだろうか．その一つは，$\boldsymbol{f}$ と $\boldsymbol{g}$ がどのくらい離れているのか，つまりベクトル間の距離を測ることである（**図 3・4**）．$\boldsymbol{f}$ と $\boldsymbol{g}$ の距離を $d(\boldsymbol{f}, \boldsymbol{g})$ とするとき，この値が小さいほど $\boldsymbol{f}$ と $\boldsymbol{g}$ は近い，つまり関係が強いといえる．

ベクトル $\boldsymbol{f}$ の大きさ（絶対値）を $\|\boldsymbol{f}\|$ と書くと，これは $\boldsymbol{f}$ の要素を使って

$$\|\boldsymbol{f}\|=\sqrt{{f_1}^2+{f_2}^2} \tag{3・1}$$

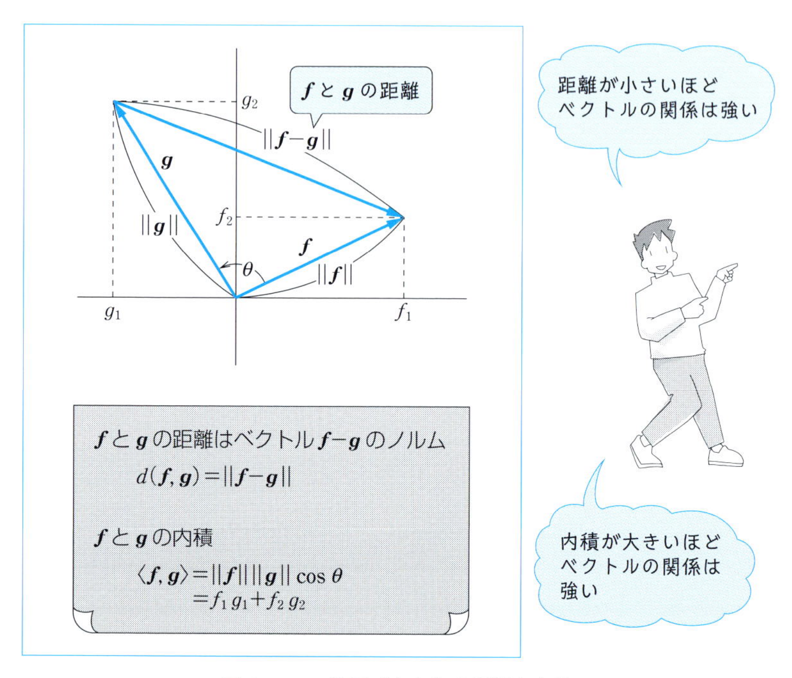

図 3・4 2次元ベクトルの距離と内積

と表せる．$\|\boldsymbol{f}\|$をベクトル $\boldsymbol{f}$ の**ノルム**という．さて，図から明らかなように $\boldsymbol{f}$ と $\boldsymbol{g}$ の距離はベクトル $\boldsymbol{f}-\boldsymbol{g}$ のノルムでもあるので，これをベクトルの要素を用いて書くと

$$
\begin{aligned}
d(\boldsymbol{f},\boldsymbol{g}) &= \|\boldsymbol{f}-\boldsymbol{g}\| \\
&= \sqrt{(f_1-g_1)^2+(f_2-g_2)^2}
\end{aligned}
\tag{3・2}
$$

となる．

距離は，ベクトル間の関係の強さを測る一つの物差しではある．しかし，**図 3･5** を見てほしい．この図では，ベクトル $\boldsymbol{f}$ から見て $\boldsymbol{g}$ も $\boldsymbol{h}$ も等距離にある．しかしながら，$\boldsymbol{g}$ は $\boldsymbol{f}$ と同じ向きにあるのに，$\boldsymbol{h}$ は $\boldsymbol{f}$ に対し直角の向きをなしている．それゆえ，$\boldsymbol{f}$ を何倍かすれば，$\boldsymbol{f}$ から $\boldsymbol{g}$ をつくることはできるが，$\boldsymbol{f}$ を何倍しても $\boldsymbol{h}$ をつくることはできない．$\boldsymbol{f}$ から見ると同じ距離にある $\boldsymbol{g}$ と $\boldsymbol{h}$ であるが，$\boldsymbol{h}$ よりは $\boldsymbol{g}$ のほうが $\boldsymbol{f}$ との関係はずっと強いわけである．どうやら，距離

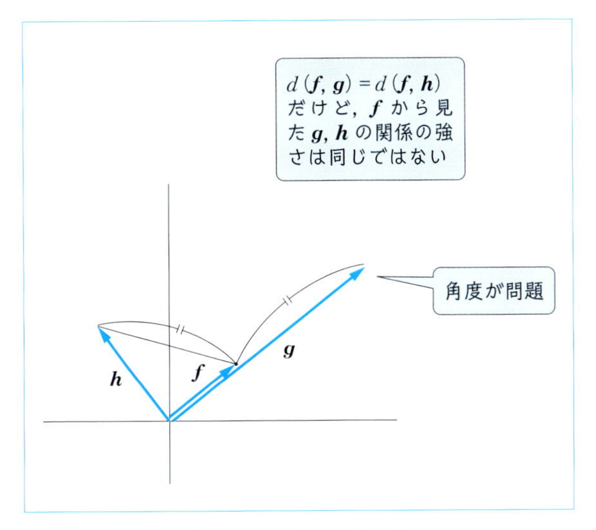

図 3・5　距離だけでは

という物差しだけでベクトルの関係を表現することは，いささか単純すぎるようである．このことは，ベクトル間の距離だけではなく，その角度もベクトルの関係を調べる重要な物差しであることを教えている．

ベクトルの角度の関係を表現するためには内積が利用できる．$\boldsymbol{f}$ と $\boldsymbol{g}$ の内積は

$$\langle \boldsymbol{f}, \boldsymbol{g} \rangle = \|\boldsymbol{f}\| \|\boldsymbol{g}\| \cos\theta \tag{3・3}$$

と定義される．したがって

$$\cos\theta = \frac{\langle \boldsymbol{f}, \boldsymbol{g} \rangle}{\|\boldsymbol{f}\| \|\boldsymbol{g}\|}$$

である．これを

$$r = \frac{\langle \boldsymbol{f}, \boldsymbol{g} \rangle}{\|\boldsymbol{f}\| \|\boldsymbol{g}\|} \tag{3・4}$$

とおく．$-1 \leqq \cos\theta \leqq 1$ であるので，当然 $-1 \leqq r \leqq 1$ である．r の大きさが f と g の角度に関する関係の強さを表す（**図 3・6**）．$\boldsymbol{f}$ と $\boldsymbol{g}$ の方向と向きが一致したとき，つまり $\theta=0$ のとき r は最大値 1 をとり，角度 θ が大きくなるにつれて r の

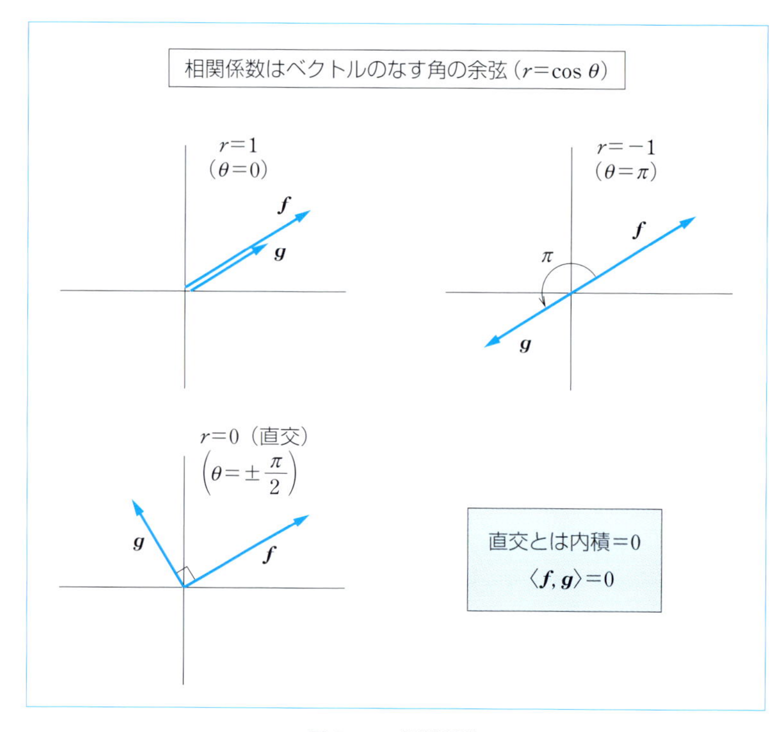

図 3・6　相関係数

値は減少する．また $r=0$ のとき，つまり $\langle \boldsymbol{f}, \boldsymbol{g} \rangle=0$ のとき，$\boldsymbol{f}$ と $\boldsymbol{g}$ は直交する．r を**相関係数**と名づけておく．式を見てもわかるとおり，r は二つのベクトルの角度にだけ依存する量であり，ノルムとは無関係であることに注意しよう．

内積は，ベクトルの要素を使ったらどう表せるだろうか．これは

$$\langle \boldsymbol{f}, \boldsymbol{g} \rangle = f_1 g_1 + f_2 g_2 \qquad (3 \cdot 5)$$

となる．なぜならば，図 3·4 のベクトルの関係に余弦定理を適用すると

$$\begin{aligned} \|\boldsymbol{f}-\boldsymbol{g}\|^2 &= \|\boldsymbol{f}\|^2+\|\boldsymbol{g}\|^2-2\|\boldsymbol{f}\|\|\boldsymbol{g}\|\cos\theta \\ &= \|\boldsymbol{f}\|^2+\|\boldsymbol{g}\|^2-2\langle \boldsymbol{f}, \boldsymbol{g} \rangle \end{aligned}$$

したがって

$$\begin{aligned} 2\langle \boldsymbol{f}, \boldsymbol{g} \rangle &= \|\boldsymbol{f}\|^2+\|\boldsymbol{g}\|^2-\|\boldsymbol{f}-\boldsymbol{g}\|^2 \\ &= (f_1{}^2+f_2{}^2)+(g_1{}^2+g_2{}^2)-\{(f_1-g_1)^2+(f_2-g_2)^2\} \end{aligned}$$

$$=2(f_1g_1+f_2g_2)$$

だからである．

ところで，ベクトル $\boldsymbol{f}$ とそれ自身との内積は

$$\begin{aligned}\langle \boldsymbol{f}, \boldsymbol{f}\rangle &= f_1{}^2+f_2{}^2 \\ &= \|\boldsymbol{f}\|^2\end{aligned} \qquad (3\cdot6)$$

となり，内積とノルムの結びつきが明らかとなる．

相関係数の式 (3·4) は以上の結果をまとめると，ベクトルの成分を用いて

$$r=\frac{f_1g_1+f_2g_2}{\sqrt{f_1{}^2+f_2{}^2}\sqrt{g_1{}^2+g_2{}^2}} \qquad (3\cdot7)$$

と表せることがわかる．

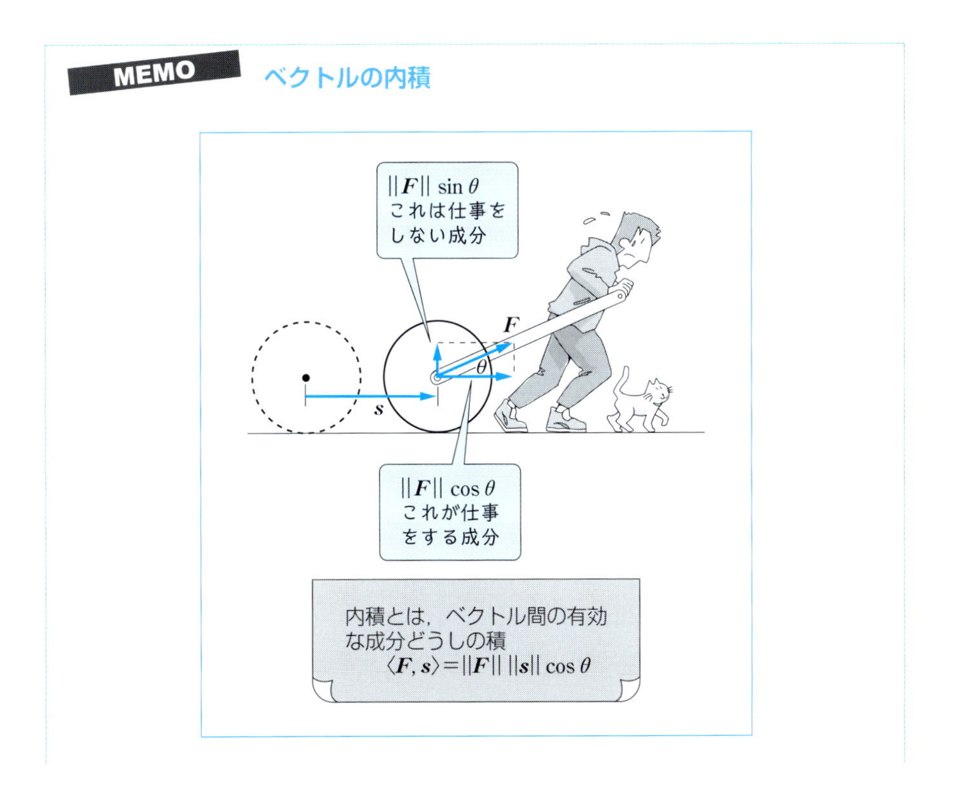

距離＝速度×時間のように，2種類の量の積として表される量は多数ある．このとき，二つの量をいつでも単純に掛け合わせてよいのだろうか．たとえば，力学的な「仕事」は物体にかかる力 F〔N〕と物体の移動量 s〔m〕の積

$$W = F \cdot s \quad \text{〔J〕}$$

で表される．しかし，力の向きが物体の移動の向きと異なるときは，この定義では具合が悪い．なぜならば，移動方向に対して力の方向が角度 θ をなすとき，物体の移動に有効な力の成分は $F\cos\theta$ だけであり，$F\sin\theta$ の成分は仕事にはなんら寄与していないからである．したがって仕事は

$$W = F\cos\theta \cdot s$$

と表されなくてはならない．それゆえ，力 F と移動量 s を大きさと向きをもつ量，つまりベクトルとしてそれぞれ $\boldsymbol{F}$ と $\boldsymbol{s}$ で表すときは，その仕事をこれらの内積

$$\begin{aligned} W &= \langle \boldsymbol{F}, \boldsymbol{s} \rangle \\ &= \|\boldsymbol{F}\|\|\boldsymbol{s}\|\cos\theta \end{aligned}$$

で定義するのが妥当なのである．

この例からもわかるように，ベクトルの積は，それぞれの有効な成分どうしの積として表現するのが適当である．そして，これがベクトルの内積として定義されている．

3・4　正規直交基

長さを測るときには，普通，センチとかミリを単位として目盛った物差しを使う．たとえば，1単位を1 cmとすれば，5 cmは1 cmの5倍だから5単位と表現される．これと同じように，ベクトル空間においても，大きさの基準となる単位を決めておくと都合が良い．ただし，2次元のベクトル空間においてはベクトルの大きさを測る物差しは一つではだめで，二つ必要となる．

互いに直交するベクトルの組 $\{\boldsymbol{v}_1, \boldsymbol{v}_2\}$ を**直交基**という．さらに $\|\boldsymbol{v}_1\| = \|\boldsymbol{v}_2\| = 1$ のとき，これを**正規直交基**とよぶ（**図3・7**）．ノルムが1のベクトルは**単位ベクトル**という．つまり，単位ベクトルは，1単位の大きさを表すベクトルである．したがって，正規直交基とは，互いに直交する単位ベクトルの組であり，ベクトルの大きさを測る二つの物差しの組ということになる．ここで，$\boldsymbol{v}_1$，$\boldsymbol{v}_2$ のそれぞれに係数 C_1，C_2 を掛けて加えた1次結合の式

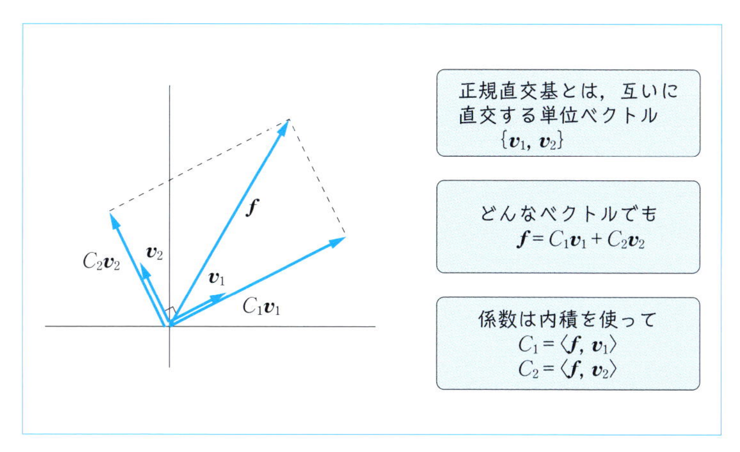

図 3・7　正規直交基でベクトルを表す

$$\boldsymbol{f}=C_1\boldsymbol{v}_1+C_2\boldsymbol{v}_2 \tag{3・8}$$

を考えよう（図 3･7）．(C_1, C_2) は，ベクトル $\boldsymbol{f}$ の中に $\boldsymbol{v}_1$ 方向，$\boldsymbol{v}_2$ 方向のそれぞれのベクトルの成分がどのくらい，つまり何単位分含まれているのかを表す．そして，平面上のいかなるベクトルであっても必ずこの式の形で表せる，ということが重要である．ベクトル $C_1\boldsymbol{v}_1$，$C_2\boldsymbol{v}_2$ はそれぞれ $\boldsymbol{v}_1$，$\boldsymbol{v}_2$ に対する $\boldsymbol{f}$ の**射影**とよぶ．

なんらかのベクトル $\boldsymbol{f}$ が与えられたとき，あらかじめ用意された正規直交基 $\{\boldsymbol{v}_1, \boldsymbol{v}_2\}$ によって，これを式 (3･8) のような 1 次結合の式で表すためには，係数の組 (C_1, C_2) の求め方を知らなくてはならない．これは結論としては

$$C_1=\langle\boldsymbol{f}, \boldsymbol{v}_1\rangle, \quad C_2=\langle\boldsymbol{f}, \boldsymbol{v}_2\rangle \tag{3・9}$$

のように，$\boldsymbol{f}$ と $\boldsymbol{v}_1$, $\boldsymbol{v}_2$ とのそれぞれの内積として与えられる．その理由を示そう．

まず

$$\boldsymbol{f}=C_1\boldsymbol{v}_1+C_2\boldsymbol{v}_2$$

の両辺と $\boldsymbol{v}_1$ との内積をとってみる．

$$\begin{aligned}\langle\boldsymbol{f}, \boldsymbol{v}_1\rangle &= \langle C_1\boldsymbol{v}_1+C_2\boldsymbol{v}_2, \boldsymbol{v}_1\rangle \\ &= C_1\langle\boldsymbol{v}_1, \boldsymbol{v}_1\rangle+C_2\langle\boldsymbol{v}_2, \boldsymbol{v}_1\rangle\end{aligned}$$

ここで，正規直交基 $\{\boldsymbol{v}_1, \boldsymbol{v}_2\}$ の性質によって

$$\langle \boldsymbol{v}_1, \boldsymbol{v}_1 \rangle = \|\boldsymbol{v}_1\|^2 = 1 \qquad \langle \boldsymbol{v}_2, \boldsymbol{v}_1 \rangle = 0$$

だから，結局右辺で残るのは C_1 のみとなり

$$C_1 = \langle \boldsymbol{f}, \boldsymbol{v}_1 \rangle$$

が得られるわけである．したがって同じようにして

$$C_2 = \langle \boldsymbol{f}, \boldsymbol{v}_2 \rangle$$

も得られる．このようにして，正規直交基の各ベクトルに対する成分は内積を使って簡単に表現できることがわかった．

例　題

（問 1）　二つのベクトル $\boldsymbol{v}_1$，$\boldsymbol{v}_2$ が

$$\boldsymbol{v}_1 = \left(\frac{\sqrt{3}}{2}, \frac{1}{2}\right)$$

$$\boldsymbol{v}_2 = \left(-\frac{1}{2}, \frac{\sqrt{3}}{2}\right)$$

であるとき，$\{\boldsymbol{v}_1, \boldsymbol{v}_2\}$ は正規直交基をなすだろうか．

（答）

$$\langle \boldsymbol{v}_1, \boldsymbol{v}_2 \rangle = \left(\frac{\sqrt{3}}{2}\right) \times \left(-\frac{1}{2}\right) + \left(\frac{1}{2}\right) \times \left(\frac{\sqrt{3}}{2}\right) = 0$$

$$\|\boldsymbol{v}_1\| = \sqrt{\left(\frac{\sqrt{3}}{2}\right)^2 + \left(\frac{1}{2}\right)^2} = 1$$

$$\|\boldsymbol{v}_2\| = \sqrt{\left(-\frac{1}{2}\right)^2 + \left(\frac{\sqrt{3}}{2}\right)^2} = 1$$

確かに正規直交基をなす．

（問 2）

問 1 の正規直交基 $\{\boldsymbol{v}_1, \boldsymbol{v}_2\}$ で $\boldsymbol{f} = \left(\frac{\sqrt{3}}{2}, \frac{5}{2}\right)$ を展開してみよう．

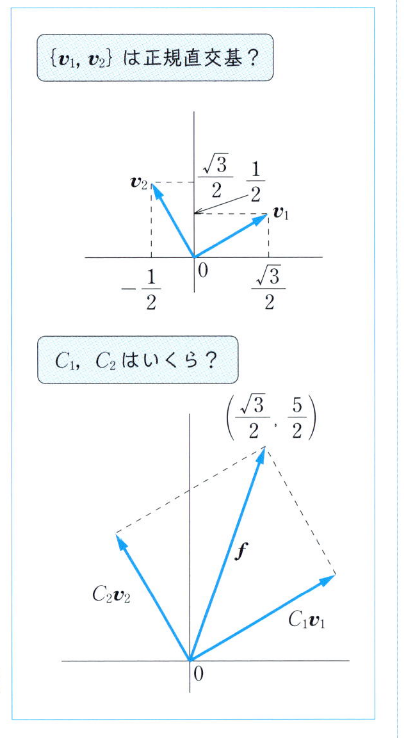

（答）　$\boldsymbol{f}$ が

$$\boldsymbol{f}=C_1\boldsymbol{v}_1+C_2\boldsymbol{v}_2$$

と展開されるとき

$$C_1=\langle \boldsymbol{f},\ \boldsymbol{v}_1\rangle=\frac{\sqrt{3}}{2}\times\frac{\sqrt{3}}{2}+\frac{5}{2}\times\frac{1}{2}$$
$$=2$$
$$C_2=\langle \boldsymbol{f},\ \boldsymbol{v}_2\rangle=\frac{\sqrt{3}}{2}\times\left(-\frac{1}{2}\right)+\frac{5}{2}\times\frac{\sqrt{3}}{2}$$
$$=\sqrt{3}$$

したがって，$\boldsymbol{f}$ は $\{\boldsymbol{v}_1,\ \boldsymbol{v}_2\}$ によって

$$\boldsymbol{f}=2\boldsymbol{v}_1+\sqrt{3}\,\boldsymbol{v}_2$$

と表される．

3・5　多次元ベクトル空間から関数空間へ

2次元ベクトル空間に対して定義されたベクトル間の距離や内積は，もっと次元の高いベクトル空間ではどのように表せるのだろうか．たとえば，3次元空間のベクトル

$$\boldsymbol{f}=(f_1,\ f_2,\ f_3)$$

のノルムは，原点から点 $(f_1,\ f_2,\ f_3)$ までの距離でもあり，これは

$$\|\boldsymbol{f}\|=\sqrt{f_1{}^2+f_2{}^2+f_3{}^2} \tag{3・10}$$

と表せる．したがって，これから推測して，現実には存在しない4次元以上の空間，これを N 次元空間とすると，その空間内のベクトル

$$\boldsymbol{f}=(f_1,\ f_2,\ \cdots,\ f_N)$$

のノルムは，2次元→3次元→N 次元の自然な拡張として

$$\|\boldsymbol{f}\|=\sqrt{f_1{}^2+f_2{}^2+\cdots+f_N{}^2}=\sqrt{\sum_{k=1}^{N}f_k{}^2} \tag{3・11}$$

のように定義したらよさそうである．

さて，それでは無限次元空間，つまり関数空間に対してはどうだろうか．関数 $f(t)$ のノルム，この場合は関数の大きさということになるが，いったいどう定

めるのが妥当だろうか．これについては数学的にうんぬんするよりは，実際の物理現象に対してよく利用される式を見るとわかりやすい（MEMO を見よ）．

$f(t)$ （$a \leqq t \leqq b$）のノルムを

$$\| f(t) \| = \sqrt{\int_a^b f^2(t)\,dt}$$

と定義する．N 次元ベクトルのノルムを拡張した表現として自然である．もちろんこの定義でもかまわないが，この式では区間が長いほど値が大きくなってしまう．そこで，定義としては区間 $[a, b]$ の長さで正規化しておくと都合が良い．つまり，ここでは $f(t)$ のノルムを

$$\| f(t) \| = \sqrt{\frac{1}{b-a}\int_a^b f^2(t)\,dt} \tag{3・12}$$

と定義しておこう．これと同じような理由で，多次元ベクトルのノルムの場合も次元 N の大きさに左右されないよう

$$\| \boldsymbol{f} \| = \sqrt{\frac{1}{N}\sum_{k=1}^{N} f_k{}^2} \tag{3・13}$$

と定義することが多い．

MEMO

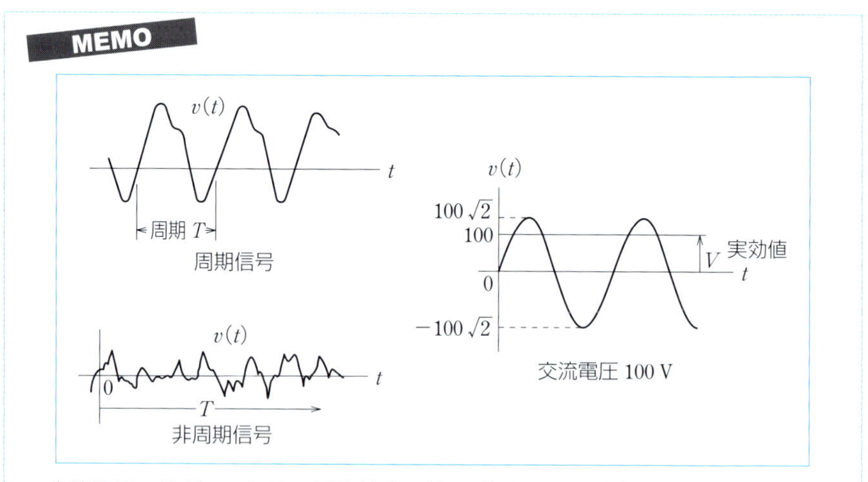

交流電圧の時刻 t における瞬時値を $v(t)$ と書くとき，$v(t)$ 全体の電圧としての大きさを表すためには普通，実効値とよばれる量を用いる．実効値は電圧波形が周

期的であるときは，その周期を T として，瞬時値の 2 乗平均として

$$V=\sqrt{\frac{1}{T}\int_0^T v^2(t)dt}$$

のように表す．たとえば，われわれが使っている商用電源 100 V は実効値で表された電圧値であり，瞬時的には最高約 140 V の電圧がかかっている（なぜ瞬時電圧の最高が 140 V なのか考えてみよう．ヒント：$v(t)$ は正弦波で表される．また $140 \fallingdotseq 100\sqrt{2}$ である）．

電圧波形が周期的でないときはこの定義は使えないが，長い時間における電圧値の 2 乗平均として表せばよい．式としては

$$V=\lim_{T\to\infty}\sqrt{\frac{1}{T}\int_0^T v^2(t)dt}$$

と書ける．T を無限大にすることは実際にはできないが，T が十分長ければ，普通 V はある値に落ち着く．

関数のノルムの式と，多次元ベクトルのノルムの式とを比べてみると，次の対応がわかる．

ベクトル→関数　　総和→積分

つまり，多次元ベクトル空間から関数空間への自然な拡張とは，大ざっぱにいえば，このような対応をつけることによって行うことができる．具体的に示そう．N 次元ベクトル空間での距離は，2 次元ベクトルの距離，N 次元ベクトルのノルムの式を参考にして

$$d(\boldsymbol{f},\boldsymbol{g})=\|\boldsymbol{f}-\boldsymbol{g}\| = \sqrt{\sum_{k=1}^{N}(f_k-g_k)^2} \tag{3・14}$$

と定義できるだろう．これに従って $[a, b]$ 上の二つの関数 $f(t)$ と $g(t)$ の距離を表すためには，ベクトルを関数に，また総和を積分にそれぞれ置き換えると

$$d(f(t), g(t))=\sqrt{\frac{1}{b-a}\int_a^b\{f(t)-g(t)\}^2dt} \tag{3・15}$$

と定められそうである．実際にこの式は，平均 2 乗誤差として，物理的な量を対象とする分野でしばしば見かける式の形となっている．ベクトルの距離と同じように，関数の距離も，それが表現している物理量の類似性（正確には相違性）を

測るとき，有効な働きをする．

次に内積についてはどうだろう．2次元ベクトル空間では $\boldsymbol{f}$ と $\boldsymbol{g}$ の内積はベクトルのなす角を θ として

$$\begin{aligned}\langle \boldsymbol{f}, \boldsymbol{g} \rangle &= \|\boldsymbol{f}\|\|\boldsymbol{g}\|\cos\theta \\ &= f_1 g_1 + f_2 g_2\end{aligned}$$

と定義された．内積はベクトル間の角度の概念を表現する性質をもっていたが，これは多次元ベクトル空間においても同様である．N 次元ベクトル空間の二つのベクトル $\boldsymbol{f}$ と $\boldsymbol{g}$ が，N 次元空間内で θ の角度をなしているとき，その内積はやはり

$$\langle \boldsymbol{f}, \boldsymbol{g} \rangle = \|\boldsymbol{f}\|\|\boldsymbol{g}\|\cos\theta \tag{3・16}$$

と定義すればよい．これをベクトルの成分で表せば

$$\begin{aligned}\langle \boldsymbol{f}, \boldsymbol{g} \rangle &= f_1 g_1 + f_2 g_2 + \cdots + f_N g_N \\ &= \sum_{k=1}^{N} f_k g_k\end{aligned} \tag{3・17}$$

という形になる．

ところで，この式から N 次元ベクトル空間における相関係数も導ける．2次元における相関係数の式 (3·7) を参考にすると

$$\begin{aligned}r &= \frac{\langle \boldsymbol{f}, \boldsymbol{g} \rangle}{\|\boldsymbol{f}\|\|\boldsymbol{g}\|} \\ &= \frac{\displaystyle\sum_{k=1}^{N} f_k g_k}{\sqrt{\displaystyle\sum_{k=1}^{N} f_k^{\,2}}\sqrt{\displaystyle\sum_{k=1}^{N} g_k^{\,2}}}\end{aligned} \tag{3・18}$$

と定義すればよいだろう．

さて，式 (3·17) を拡張して関数の内積を導き出すことはもはや簡単であろう．そう，$[a, b]$ 上の関数 $f(t)$，$g(t)$ の内積はベクトル→関数，総和→積分の対応を使って

$$\langle f(t), g(t) \rangle = \frac{1}{b-a}\int_a^b f(t) g(t)\, dt \tag{3・19}$$

とすればよい．$f(t)$ とそれ自身の内積は

$$\langle f(t), f(t)\rangle = \frac{1}{b-a}\int_a^b f^2(t)\,dt = \|f(t)\|^2 \tag{3・20}$$

となることはベクトル空間における性質と同様である．

関数空間で内積が定義できたということは，関数間に角度の概念をもち込んだということでもある．関数空間において二つの関数 $f(t)$ と $g(t)$ が角度 θ をなしているとき，その相関係数はベクトルの場合と同じようにノルムと内積を使って

$$r = \cos\theta = \frac{\langle f(t), g(t)\rangle}{\|f(t)\|\|g(t)\|} \tag{3・21}$$

のように定義すればよい．具体的に式で書くと

$$r = \frac{\dfrac{1}{b-a}\displaystyle\int_a^b f(t)g(t)\,dt}{\sqrt{\dfrac{1}{b-a}\displaystyle\int_a^b f^2(t)\,dt}\sqrt{\dfrac{1}{b-a}\displaystyle\int_a^b g^2(t)\,dt}} \tag{3・22}$$

となり，式はかなり複雑になるが，考え方はベクトルの場合と同じである．この相関係数は，関数どうしがどのくらい似ているのかを計る尺度である（**図3·8**）．r は $-1 \leqq r \leqq 1$ であり，r の値が大きければ，関数間の相関が高い，つまり，よく似ているということになる．

ベクトルの角度に相当する概念が内積を使えば関数の間にも定義できることがわかった．それならばベクトルの直交と同じように，関数の直交も内積を使って定義できるはずである．

$\langle f(t), g(t)\rangle = 0$ のとき $f(t)$ と $g(t)$ は直交するという

たとえば，$f(t)=t$，$g(t)=1$ という二つの関数は，t の区間 $[-1, 1]$ で直交する．なぜならば

$$\langle t, 1\rangle = \frac{1}{1-(-1)}\int_{-1}^{1} t\,dt = \frac{1}{2}\left[\frac{t^2}{2}\right]_{-1}^{1} = 0$$

だからである．

図 3・8　相関係数の見方

3・6　正規直交関数系

2 次元ベクトル空間の任意のベクトル $\boldsymbol{f}$ は，正規直交基 $\{\boldsymbol{v}_1, \boldsymbol{v}_2\}$ によって 1 次結合の形で

$$\boldsymbol{f}=C_1\boldsymbol{v}_1+C_2\boldsymbol{v}_2$$

と表せることを学んだ．N 次元ベクトル空間においても同じようにして正規直交基を定義し，その 1 次結合で任意のベクトルを表すことができる．正規直交基とは，互いに直交する単位ベクトルの集合である．N 次元ベクトル空間においてベクトルの集合 $\{\boldsymbol{v}_k, k=1, 2, \cdots, N\}$ が

$$\langle \boldsymbol{v}_m, \boldsymbol{v}_n\rangle=\begin{cases}0 : m\neq n & (\boldsymbol{v}_m \text{ と } \boldsymbol{v}_n \text{ は直交})\\ 1 : m=n & (\text{単位ベクトルの性質})\end{cases}$$

を満たすとき，これを N 次元ベクトル空間の正規直交基とよぶ．この式は，**クロネッカーのデルタ**という記号

$$\delta_{mn}=\begin{cases}0 : m\neq n\\ 1 : m=n\end{cases}$$

を用いて，簡単に

$$\langle \boldsymbol{v}_m, \boldsymbol{v}_n\rangle=\delta_{mn}$$

と表記することもある．すべてのベクトルが互いに直交していると，そのうちのどのベクトルもほかのベクトルを使って表せない．つまり独立している．

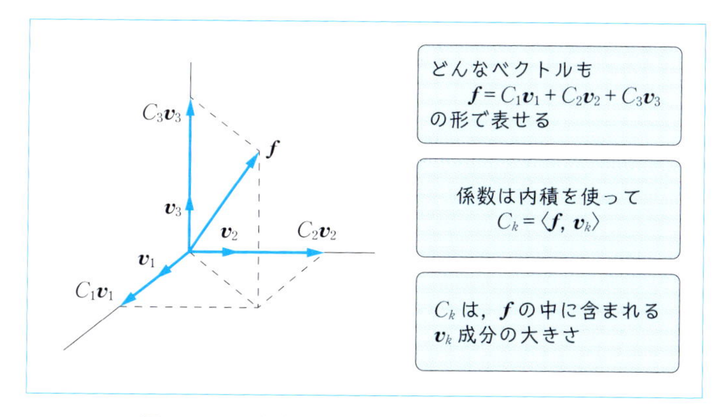

図3・9　正規直交基を用いてベクトルを表すと

正規直交基を用いれば，任意のベクトルを1次結合の形で表現することができる．つまり，N次元ベクトル$\boldsymbol{f}$は

$$\boldsymbol{f} = C_1\boldsymbol{v}_1 + C_2\boldsymbol{v}_2 + \cdots + C_N\boldsymbol{v}_N \tag{3・23}$$

のように書ける（**図3・9**）．この式のk番目の項の係数C_kは

$$C_k = \langle \boldsymbol{f}, \boldsymbol{v}_k \rangle \quad (k=1, 2, \cdots, N) \tag{3・24}$$

である．なぜならば，2次元の場合と同様に式（3・23）の両辺と$\boldsymbol{v}_k$の内積をとると

$$\begin{aligned}\langle \boldsymbol{f}, \boldsymbol{v}_k \rangle &= \langle C_1\boldsymbol{v}_1 + C_2\boldsymbol{v}_2 + \cdots + C_k\boldsymbol{v}_k + \cdots + C_N\boldsymbol{v}_N, \boldsymbol{v}_k \rangle \\ &= C_1\langle \boldsymbol{v}_1, \boldsymbol{v}_k \rangle + C_2\langle \boldsymbol{v}_2, \boldsymbol{v}_k \rangle + \cdots + C_k\langle \boldsymbol{v}_k, \boldsymbol{v}_k \rangle + \cdots + C_N\langle \boldsymbol{v}_N, \boldsymbol{v}_k \rangle\end{aligned}$$

であるが，正規直交基の性質から

$$\langle \boldsymbol{v}_k, \boldsymbol{v}_k \rangle = \|\boldsymbol{v}_k\|^2 = 1 \qquad \langle \boldsymbol{v}_m, \boldsymbol{v}_k \rangle = 0 \quad (m \neq k)$$

だったから，結局，右辺で残るのはC_kだけとなり

$$C_k = \langle \boldsymbol{f}, \boldsymbol{v}_k \rangle$$

となるからである．係数C_kは$\boldsymbol{f}$の中に$\boldsymbol{v}_k$方向の成分がどれぐらい含まれているのかを示しており，$\boldsymbol{f}$と$\boldsymbol{v}_k$の内積として簡単に表現できるのである．

さて，ベクトル空間における正規直交基に相当するものを，関数空間においても導入することができないだろうか．つまり，大きさが1で，互いに直交するような関数の集合である．もしそのようなものがあれば，任意の関数はそれらの関数の1次結合として表せることになる．このことは，すなわち，任意の関数をあらかじめ性質のわかった多数の関数の成分へと分解できるということにもなる．

ある多数の関数からなる集合（関数族）を考えてみよう．この集合の中の関数の数が少なければ，一つひとつの関数をアルファベットによって例えば $\{f(t), g(t), h(t), \cdots\}$ のように表せばよいが，無数に多くの関数を含む集合を表すためには，関数に背番号を付けて

$$\{\phi_k(t),\ k=0, 1, 2, \cdots\}$$

のように書いておくとよい．

さて，この関数族のどの二つの関数をとってきても，t の区間 $[a, b]$ で直交しているとする．つまり，内積で表すと

$$\begin{aligned}\langle \phi_m(t), \phi_n(t)\rangle &= \frac{1}{b-a}\int_a^b \phi_m(t)\phi_n(t)dt \\ &= 0 \quad (m, n=0, 1, 2, \cdots, m\neq n)\end{aligned}$$

であるとき，この関数の族（集合）を**直交関数系**とよぶ．さらにそれぞれの関数のノルムが1のとき，つまり

$$\begin{aligned}\langle \phi_m(t), \phi_m(t)\rangle &= \| \phi_m(t)\|^2 \\ &= \frac{1}{b-a}\int_a^b \phi_m{}^2(t)dt=1\end{aligned}$$

であるとき，これを**正規直交関数系**という．つまり，$\{\phi_k(t), k=0, 1, 2, \cdots\}$ が正規直交関数系であることは，クロネッカーのデルタ（p. 44）を用いて書くと

$$\langle \phi_m(t), \phi_n(t)\rangle = \delta_{mn} \tag{3・25}$$

と表せる．

正規直交関数系
とは関数を計る
物差しの集合
ということ

正規直交関数を用いて，任意の関数 $f(t)$ が

$$\begin{aligned}f(t) &= C_0\phi_0(t)+C_1\phi_1(t)+C_2\phi_2(t)+\cdots \\ &= \sum_{k=0}^{\infty} C_k\phi_k(t)\end{aligned} \tag{3・26}$$

のように表現できるとしよう．係数 C_k はこの式から明らかなように，$f(t)$ の中に $\phi_k(t)$ の成分がどの程度含まれているかを表している．C_k の求め方はもう気

づかれただろうか．そう，$f(t)$ と $\phi_k(t)$ の内積をとればよい．これは式 (3·26) から

$$
\begin{aligned}
\langle f(t), \phi_k(t)\rangle &= C_0\langle\phi_0(t), \phi_k(t)\rangle + C_1\langle\phi_1(t), \phi_k(t)\rangle + \cdots \\
&\quad + C_k\langle\phi_k(t), \phi_k(t)\rangle + \cdots \\
&= C_k\langle\phi_k(t), \phi_k(t)\rangle + \sum_{\substack{m=0\\ m\neq k}}^{\infty} C_m\langle\phi_m(t), \phi_k(t)\rangle
\end{aligned}
$$

と書けるが，正規直交関数系の定義から，$m\neq k$ の組合せの内積はすべて 0 であるので，右辺で残るのは結局 C_k だけとなる．したがって

$$
\begin{aligned}
C_k &= \langle f(t), \phi_k(t)\rangle \\
&= \frac{1}{b-a}\int_a^b f(t)\phi_k(t)dt \quad (k=0, 1, 2, \cdots)
\end{aligned}
\tag{3・27}
$$

となるのである．

正規直交関数系として具体的にはどんなものが考えられるだろうか．たとえば，関数系

$$\{1, \sin t, \sin 2t, \cdots, \sin nt, \cdots\}$$

は区間 $[-\pi, \pi]$ で正規直交関数系をなしているのだろうか（**図 3·10**）．それを調べるためには次の計算をしてみればよい．

①

$$
\begin{aligned}
\langle 1, \sin nt\rangle &= \frac{1}{2\pi}\int_{-\pi}^{\pi}\sin nt = -\frac{1}{2n\pi}[\cos nt]_{-\pi}^{\pi} \\
&= 0 \quad (n=1, 2, 3, \cdots)
\end{aligned}
$$

したがって 1 と $\sin nt$ は直交している．

② $m\neq n$ のとき　　＊カンニング

$$
\begin{aligned}
\langle \sin mt, \sin nt\rangle &= \frac{1}{2\pi}\int_{-\pi}^{\pi}\sin mt \sin nt\, dt \\
&= -\frac{1}{2\pi}\int_{-\pi}^{\pi}\frac{1}{2}\{\cos(m+n)t - \cos(m-n)t\}\,dt \\
&= -\frac{1}{4\pi(m+n)}[\sin(m+n)t]_{-\pi}^{\pi} \\
&\quad + \frac{1}{4\pi(m-n)}[\sin(m-n)t]_{-\pi}^{\pi} \\
&= 0
\end{aligned}
$$

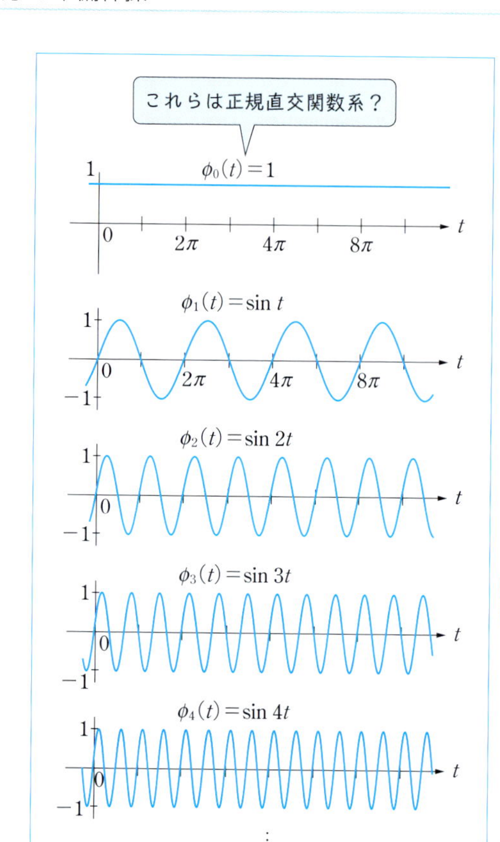

図 3・10 正規直交関数系の判定をしてみる

三角関数の積を和の形に

〈カンニング・ペーパー〉

$$\sin\alpha\cos\beta=\frac{1}{2}\{\sin(\alpha+\beta)+\sin(\alpha-\beta)\}$$

$$\cos\alpha\cos\beta=\frac{1}{2}\{\cos(\alpha+\beta)+\cos(\alpha-\beta)\}$$

$$\sin\alpha\sin\beta=-\frac{1}{2}\{\cos(\alpha+\beta)-\cos(\alpha-\beta)\}$$

したがって $\sin mt$ と $\sin nt$ $(m \neq n)$ も直交している．

以上の結果から，$\{1, \sin t, \sin 2t, \cdots\}$ は直交関係をなしていることがわかった．しかし，各関数のノルムは

$$\begin{aligned}\|\sin nt\|^2 &= \frac{1}{2\pi}\int_{-\pi}^{\pi} \sin^2 nt\, dt \\ &= \frac{1}{2\pi}\int_{-\pi}^{\pi} \frac{1}{2}(1-\cos 2nt)\, dt \\ &= \frac{1}{4\pi}[t]_{-\pi}^{\pi} - \frac{1}{4\pi \cdot 2n}[\sin 2nt]_{-\pi}^{\pi} \\ &= \frac{1}{2} \quad (n=1, 2, 3, \cdots)\end{aligned}$$

と，1 ではないので，正規ではない．

〈カンニング・ペーパー〉

半角の公式

$$\sin^2\frac{\alpha}{2} = \frac{1-\cos\alpha}{2}$$

$$\cos^2\frac{\alpha}{2} = \frac{1+\cos\alpha}{2}$$

関数 $f(t)$ のノルム $\|f(t)\|$ が 1 でない場合は，$f(t)$ を $\|f(t)\|$ で割り

$$f^*(t) = \frac{f(t)}{\|f(t)\|}$$

という関数をつくる．$f^*(t)$ のノルムが 1 であることは明らかである．このような操作を直交関数系の**正規化**という．この場合は $\|f(t)\| = 1/\sqrt{2}$ なので，元の関数系を

$$\{1, \sqrt{2}\sin t, \sqrt{2}\sin 2t, \cdots\}$$

という関数系に置き換えれば，これは正規直交関数系をなすわけである．

本章のまとめ

1 連続な信号 $f(t)$ を N 点でサンプリングすると，信号は N 次元のベクトルとして表現される．そして，それは N 次元空間の一つの点に対応する．

2 信号の大きさはベクトルのノルムで，二つの信号の違いはベクトル間の距離で表現される．ベクトルの内積はベクトル間の有効な成分の積を表している．また，相関係数はベクトル間の角度を表し，信号の似ている度合いを表す．相関係数が大きいほど信号は似ている．また相関係数が0のとき，ベクトルは直交している．

3 ノルムが1で，互いに直交するベクトルの集合を正規直交基という．任意のベクトルは正規直交基によって展開できる．その成分は内積で定められる．

4 関数は関数空間（ベクトル空間の次元を無限大とした空間）の1点で表され，ベクトル空間と同じように，ノルム，距離，内積，相関係数が定義できる．ベクトル空間の正規直交基に対応するのが，正規直交関数系であり，任意の関数はそれによって展開できる．その成分は内積で定められる．

演習問題

1 二つの3次元ベクトル $\boldsymbol{f}=(4,\ -4,\ 7)$，$\boldsymbol{g}=(3,\ -2,\ 6)$ について，距離，内積，相関係数をそれぞれ求めなさい．また $\boldsymbol{f}$ の $\boldsymbol{g}$ 方向の成分を求めなさい．

2 図で示される周期信号が $[0,\ 1]$ で互いに直交することを確かめなさい．

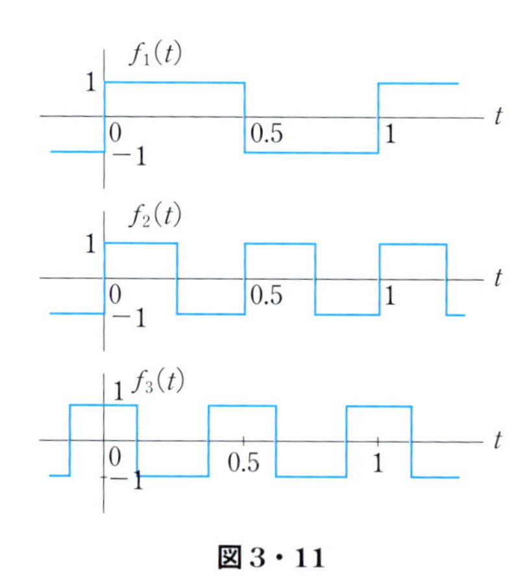

図3・11

3 $\{1, \sqrt{2}\cos t, \sqrt{2}\sin t, \sqrt{2}\cos 2t, \sqrt{2}\sin 2t, \cdots\}$ が $[-\pi,\ \pi]$ で正規直交関数系をなすことを確かめなさい．

4章

相関関数

4・1 関数の類似性を測る

前の章では数学の準備体操をしてもらったが，いよいよこの章からが本番である．その手始めとして，相関関数について学んでいくことにしよう．

まずは世界各地の気温を表したグラフ（**図4·1**）を見てほしい．インドの首都ニューデリーはやはり気温が高い．ロシアの首都モスクワは寒冷の地である．アルゼンチンの首都ブエノスアイレスは南半球に位置するので，気温の変化は北半球とでは反対である．そのような特徴がこれらの気温グラフからわかる．ところで，このグラフから各都市間の気温パターンの特徴を相関係数によって解析できるだろうか．

気温の変化はもともとは連続的な信号とみなせるが，簡単のためにこれを毎月の平均気温で表した離散的な信号として表し，解析してみよう．ある都市の月 i の気温が f_i であるとき，1年間の気温を12次元のベクトルとして，$\boldsymbol{f}=(f_1, f_2, \cdots, f_{12})$ のように表す．同じく他のある都市の気温を $\boldsymbol{g}=(g_1, g_2, \cdots, g_{12})$ のよう

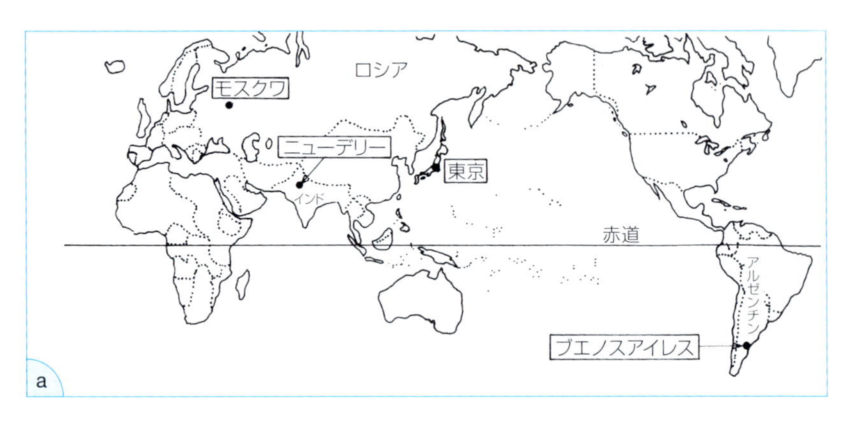

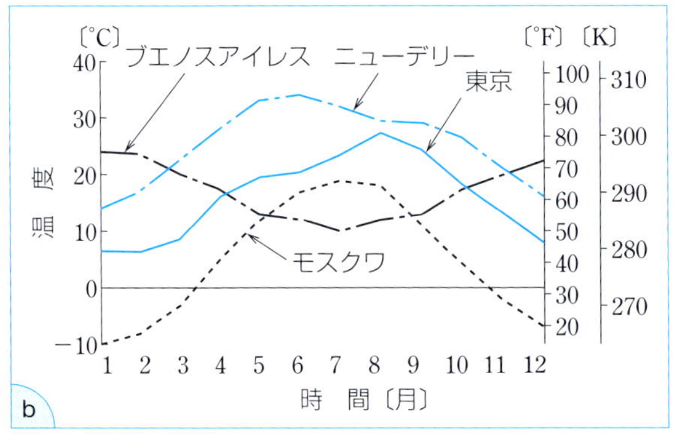

図 4・1　世界各都市の気温グラフ

に表してみる．このとき，この気温パターンの相関係数 r を 3 章の式 (3·18) で定義したように

$$r = \frac{\langle \boldsymbol{f}, \boldsymbol{g} \rangle}{\|\boldsymbol{f}\|\|\boldsymbol{g}\|} = \frac{\sum_{i=1}^{12} f_i g_i}{\sqrt{\sum_{i=1}^{12} f_i^2}\sqrt{\sum_{i=1}^{12} g_i^2}} \qquad (4 \cdot 1)$$

と表してみる．さて，各都市間の相関係数を計算すると，その結果は**表 4·1** の摂氏の列のようになる．値が大きいほど気温パターンの類似性が高いということな

表4・1　世界各地の気温の相関係数

都市	相関係数		
	摂氏〔℃〕	華氏〔°F〕	絶対温度〔K〕
東　京―モスクワ	0.73	0.97	1.00
東　京―ニューデリー	0.97	0.99	1.00
東　京―ブエノスアイレス	0.78	0.94	1.00
モスクワ―ニューデリー	0.62	0.96	1.00
モスクワ―ブエノスアイレス	0.16	0.85	1.00
ニューデリー―ブエノスアイレス	0.87	0.96	1.00

温度の単位が変わると相関係数も変わる!?

ので，この中では東京とニューデリー（相関係数0.97）が最も似ており，モスクワとブエノスアイレス（相関係数0.16）の類似性は低いことがわかる．

ところで，この相関係数は摂氏〔℃〕で表したときの値であるが，温度を表す単位は他にもある．華氏〔°F〕はアメリカやイギリスで日常使われている温度の単位である．これは，人が最も冷たいと感じるであろう温度を0°F（摂氏では−17.8℃），また体温など生活に基づく高い温度を100°F（摂氏では37.8℃）となるように目盛ったものなので，同じ温度であっても華氏と摂氏ではだいぶ値が異なる．華氏を使って相関係数を計算すると，表4·1にもあるように，先の摂氏の場合とは異なる結果が出てくる．さらに物理で使われる絶対温度〔K〕で計算すると，すべての相関係数はほとんど1となってしまう．つまり絶対零度を基準とすると，大気の温度などというのはどんな場所でも似たようなものというわけである．

温度の単位が変わったら相関係数も変わってしまうのでは具合が悪い，と考える人もいるだろう．相関係数を計算したら摂氏で計算した日本と華氏で計算したアメリカで結果が異なるというのは，確かに妙ではある．単位のとり方に影響されない相関係数を定めるにはどうすればよいだろうか．そのようなときは温度の平均値を引いてから，相関係数を求めればよい．つまり，$\boldsymbol{f}$，$\boldsymbol{g}$ の平均値をそれぞれ $\overline{f}$，$\overline{g}$ と書くとき

$$\overline{f}=\frac{1}{12}\sum_{i=1}^{12}f_i \qquad \overline{g}=\frac{1}{12}\sum_{i=1}^{12}g_i$$

をまず求め，これを各測定値から差し引いた

$$\boldsymbol{f}'=(f_1-\overline{f},\, f_2-\overline{f},\, \cdots,\, f_{12}-\overline{f})$$

表 4・2 平均値を引いてから相関係数を計算すると

都市	相関係数		
	摂氏〔℃〕	華氏〔°F〕	絶対温度〔K〕
東　京―モスクワ	0.95	0.95	0.95
東　京―ニューデリー	0.87	0.87	0.87
東　京―ブエノスアイレス	−0.95	−0.95	−0.95
モスクワ―ニューデリー	0.95	0.95	0.95
モスクワ―ブエノスアイレス	−0.99	−0.99	−0.99
ニューデリー―ブエノスアイレス	−0.95	−0.95	−0.95

平均値を引いてやれば結果は同じに

ブエノスアイレスは他とは負の相関

$$\boldsymbol{g}' = (g_1 - \bar{g},\ g_2 - \bar{g},\ \cdots,\ g_{12} - \bar{g})$$

を新たなベクトルとして相関係数を計算するのである．こうして得られた相関係数は**表 4·2** のようになる．これらの値を見ると，温度の単位が異なっても結果は全く同一であることがわかる．この表から，波形の似た東京とモスクワの相関係数がずっと高くなり，温度の変動の様子が他と逆のブエノスアイレスが，今度は負の高い相関をもつことがわかる．これは直感的にもうなずけよう．ただし，注意しなくてはならないのは，平均値を引くことによって，ニューデリーは暑い，モスクワは寒いという気温全体の高低に対する性質は無視されることになってしまった点である．したがって，気温全体の高低に対する特徴を生かしたい場合は，平均値を引くことは適当ではない．このことは相関係数を定義するときには，何をもって相関が高い，あるいは低いとみなすのか，解析の目的をよく考えなくてはならないことを教えている．

信号の変化パターンに注目した相関係数が必要なときは信号の平均値を引けばよいことがわかった．それでは信号の物理的な単位やスケールは相関係数に影響しないのだろうか．しかしこれについては大丈夫である．なぜならば，相関係数はそもそも関数（ベクトル）間の角度に依存する量であり，大きさには無関係だからである．実際に式 (4·1) を見ると，内積をそれぞれのノルムで割っているため，関数（ベクトル）のスケールは自動的に正規化されていることがわかる．したがって，物理量の異なる信号の相関係数を求めるとき，たとえば信号の一つが電圧，もう一つが温度というように異なった物理量であっても，また電圧が〔V〕あるいは〔mV〕と異なった単位であっても，相関係数はそれらの物理量やスケールに影響されずに求められるのである．

4・2　相互相関関数

世界各地の気温グラフの相関を求めると，南半球に位置するブエノスアイレスが他の都市に対して負の強い相関を示すことがわかった．しかし，もう一度図4·1の気温グラフに目を向けてみよう．これを見ると，確かにブエノスアイレスは他とは異なったパターンの気温変動をしている．しかし，もしブエノスアイレスの時間軸を半年間だけずらしてみたらどうだろうか．それが**図4·2**であるが，こうすると，この気温グラフのパターンは東京のパターンと非常に似ていることがわかる．つまり，この二つはたいへんに類似しているが，時間軸が半年間ずれている．そのようにも解釈できそうである．二つの信号の類似性を時間のずれに関係なく判定したい，あるいは二つの信号が時間的にどれぐらいずれているかを知りたい．このようなときに利用されるのが，**相互相関関数**（cross-correlation function）である．

いま対象としている二つの関数 $f(t)$，$g(t)$ が周期関数で，その周期がいずれも T であるとき，その相互相関関数を

$$R_{fg}(\tau)=\langle f(t),\ g(t+\tau)\rangle = \frac{1}{T}\int_{-T/2}^{T/2} f(t)g(t+\tau)dt \qquad (4\cdot 2)$$

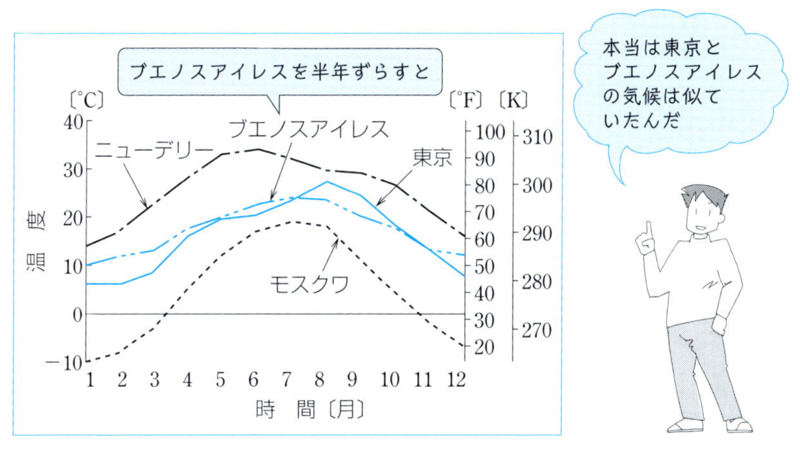

図 4・2　時間軸をずらして相関をとる

と定義する．この式は $f(t)$ の時間軸をそのままにして，$g(t)$ の時間軸を τ だけずらして両者の内積をとっている．内積は関数間の相関の強さを表すから，この相関値を時間軸のずれ τ を変数とする関数として表しているわけである．もちろん，この式は各関数をそのノルムで割り

$$R_{fg}(\tau)=\frac{\langle f(t),\, g(t+\tau)\rangle}{\|f(t)\|\|g(t)\|} \tag{4・3}$$

としておくと，その値は−1から1の値をもち，正規化された相関値が得られる．また必要ならば，関数の平均値をあらかじめ引いてもよい．

さて，実際に東京の気温グラフとブエノスアイレスの気温グラフの相互相関関数を計算してみよう．ディジタル信号 f_i, g_i $(i=1, 2, \cdots, N)$ に対する相互相関関数は次のように定義する．

$$R_{fg}(k)=\frac{1}{N}\sum_{i-1}^{N} f_i g_{i+k} \tag{4・4}$$

気温は1年間を周期とした周期関数とみなしても，ほぼ問題はない．したがって，τ だけ時間軸をずらしたとき，片側にデータの不足する部分が現れるが，そこにはもう片側のデータを巡回して補ってやればよい（**図4・3**）．

東京とブエノスアイレスの相互相関関数の結果を**図4・4**に示す．これを見ると，最大値はちょうど6か月ずれたところに現れている．このことから，東京とブエノスアイレスの気温のパターンはたいへんに似ているが，6か月だけ時間軸

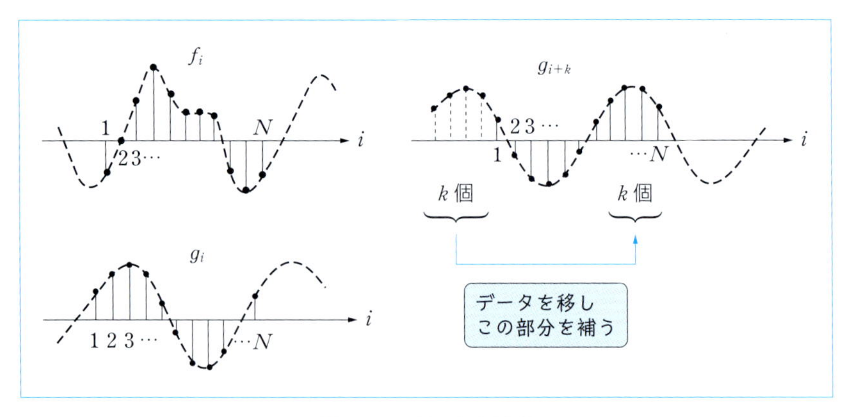

図4・3　データの補間

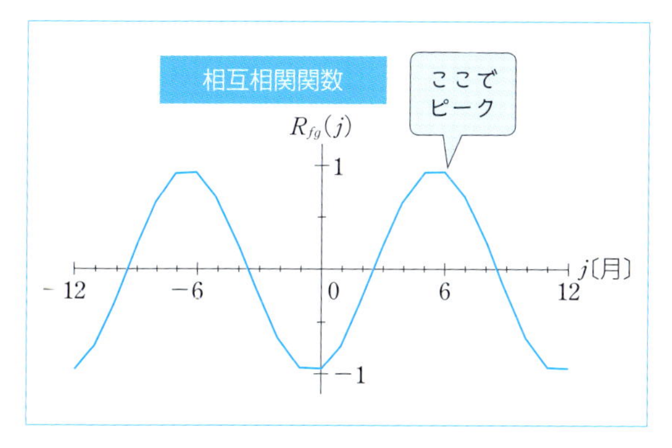

図 4・4　東京とブエノスアイレスの相互相関関数

がシフトしているということが理解できる.

さて，信号処理で対象とするのは必ずしも周期的な信号ばかりとは限らない.非周期的な信号に対する相互相関関数はどう定義すればよいだろうか.たとえば次の定義はどうだろう.

$$R_{fg}(\tau)=\frac{1}{b-a}\int_a^b f(t)g(t+\tau)dt$$

つまり，ある区間 $[a, b]$ で定義される内積とするのである.ただし，区間の長さが短すぎると，その値には雑音などによる偶然の影響が入り込んでくる可能性がある.したがって，この区間長は十分に長くとるべきであり，理論的にはそれを無限大にすべきであろう.すなわち

$$R_{fg}(\tau)=\lim_{T\to\infty}\frac{1}{T}\int_0^T f(t)g(t+\tau)dt \tag{4・5}$$

のように定義すればよい.ただし，理論的には正しくても，無限大の時間長などというのは物理的には実現不可能なので，信号のもつ統計的な性質が十分に反映されているといえる程度に長い区間によって間に合わせなくてはならない.

相互相関関数を使うと，相関のある二つの信号の時間のずれを測ることができるので，いろいろな信号処理の応用が考えられるだろう.たとえば，水の流れの速度を測りたいとしよう.このとき**図 4･5** のように，流れの上手と下手のそれぞれにまず電極を置く.そして，水流の上手から多数の泡か粉体を注入する.すると水の抵抗が乱れるため，二つの電極のそれぞれでは不規則な信号が観測され

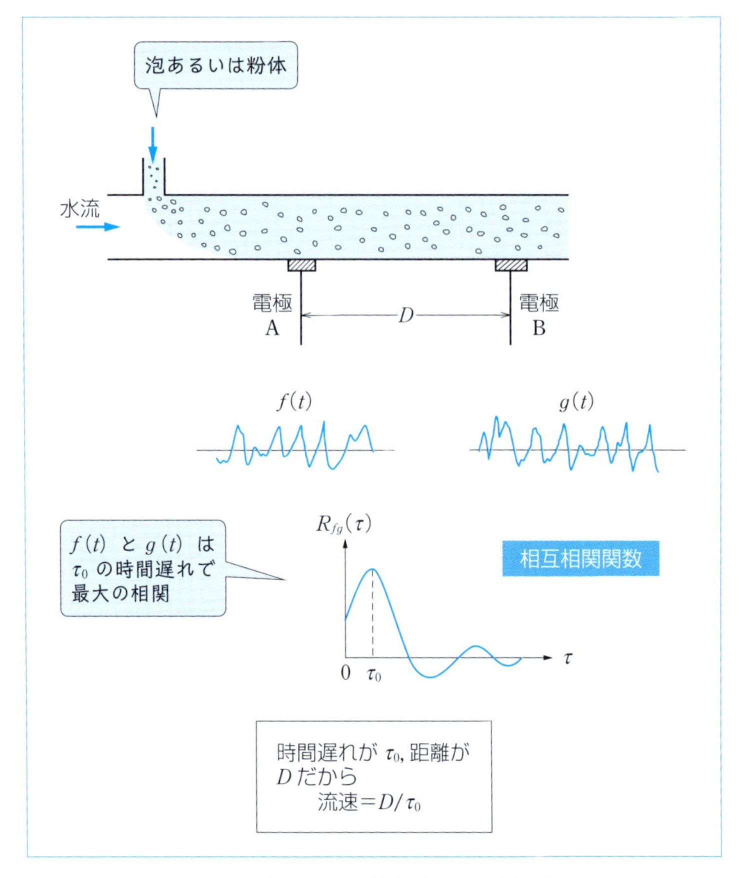

図 4・5 相互相関関数を使って流速を測る

る．しかし不規則信号とはいっても，それらは全く無関係というわけではない．上手の電極 A で観測された信号とたいへんよく似た信号が，ある時間の経過後に下手の電極 B に現れるはずである．つまり観測される二つの信号は，ある時間のずれをもちながらも相関が高い．そこで，両者の相互相関関数を求めると，信号間の時間のずれの大きさがわかり，その時間のずれから結局流速もわかるということになる．

4・3　自己相関関数

物理現象には，その中に周期性を潜ませているものが実にたくさんある．与えられた信号の中に周期性があるのか，あるのならばその周期はいくらなのか，そのようなことを知りたいときはどうすればよいだろうか．$f(t)$ が明らかな周期信号であるときには，前にも見たように，整数（$n=\pm1,\ \pm2,\ \cdots$）に対し

$$f(t)=f(t+nT)$$

となるような周期Tが存在するはずである．しかし，われわれが扱う不規則信号がピタリとこのような式で表されることはまずない．とはいえ，信号 $f(t)$ の時間軸を $\pm T$，$\pm 2T$，$\pm 3T$，…だけずらした関数と $f(t)$ の相関をとったとき，大きな相関値が現れたとしたらどうだろうか．そのときは $f(t)$ に周期を T とする周期性が潜んでいるといえるのではないだろうか（**図 4･6**）．言い方を変える

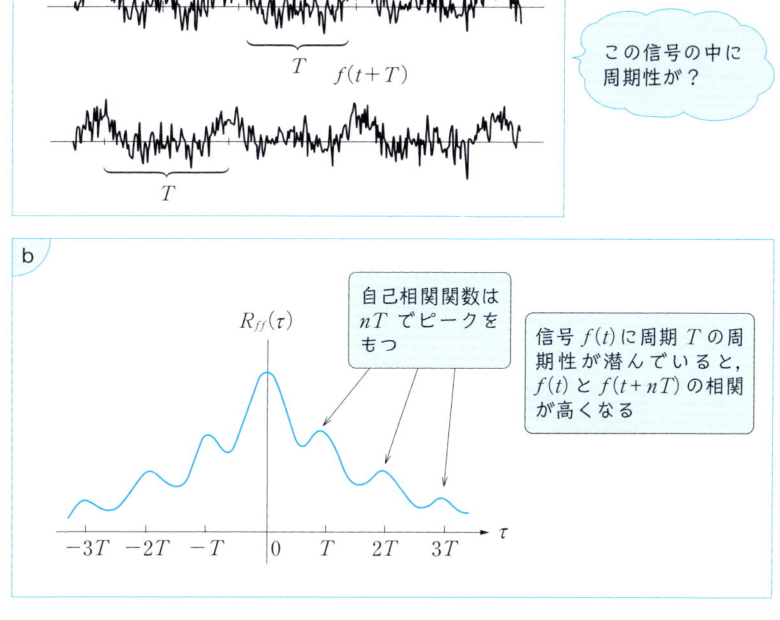

図 4・6　自己相関関数とは

ならば，$f(t)$ と $f(t)$ の時間軸をずらした関数との相関をとり，整数倍のずれで相関値にピークが現れるかどうかで，周期性のあるなしが判定できるはずである．

読者はすでに気づかれただろう．$f(t)$ の時間軸をずらした関数と $f(t)$ との相間をとるためには，先の相互相関関数の考え方を使えばよい．ただし，二つの異なる信号の相互相関関数を求めるのではなく，いま対象としている関数それ自身との相互相関関数を求めるのである．すなわち式 (4·5) で，信号 $f(t)$ とそれ自身との相互相関関数

$$R_{ff}(\tau)=\lim_{T\to\infty}\frac{1}{T}\int_0^T f(t)f(t+\tau)dt \tag{4・6}$$

を考えるのである．時間のずれ τ を変数にもつこの関数 $R_{ff}(\tau)$ を**自己相関関数**（auto-correlation function）という．

まずは，例によって気温のグラフを見てみよう．**図 4·7** (a) は，東京で 1 時間ごとに測定された気温のグラフである．この気温の変化の中には周期性が潜んでいるのだろうか．1 年間は 8 760 時間（24 時間×365 日）なので，気温を f_i $(i=1, 2, \cdots, 8\,760)$ として，これを

$$R_{ff}(k)=\frac{1}{8\,760}\sum_{i=1}^{8\,760}f_i f_{i+k}$$

の式によって自己相関関数を計算してみると，結果は図 4·7 (b) のようになる．ただし，時間軸のずれによるデータの欠落に対してはデータを巡回させて補って

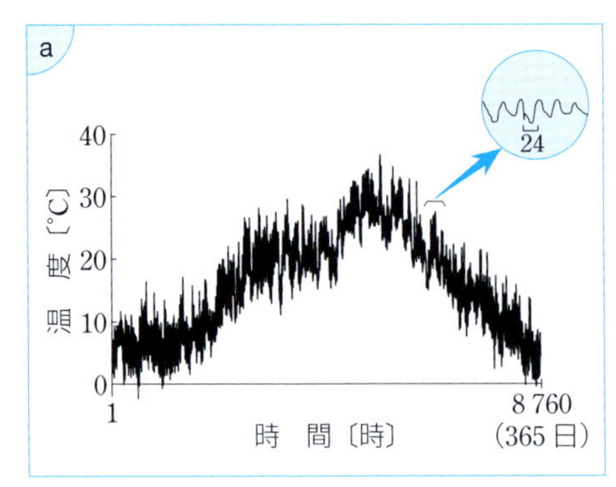

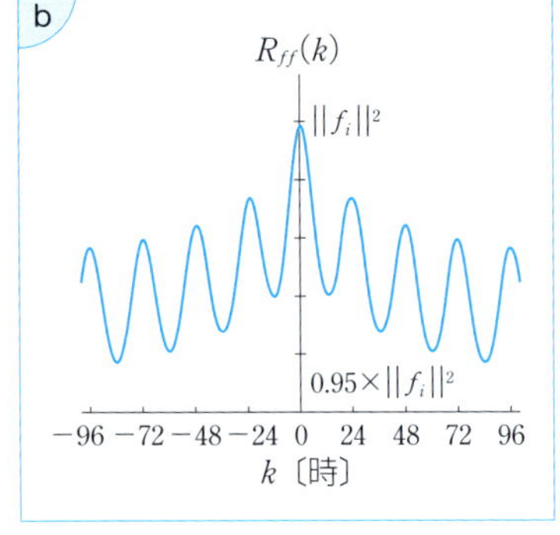

図 4・7 気温グラフの自己相関関数

計算している．

図を見ると，$R_{ff}(k)$ は明らかに24の倍数のところにピークが現れている．つまり，この信号には24時間を周期とするような周期性が潜んでいるわけである．もっとも，これは考えてみれば当然の結果である．なぜならば，気温は昼と夜で1日の中に一つの大きな山と谷があり，それがここに現れた24時間の周期性の正体だからである．

MEMO

自己相関関数のおもな性質を証明抜きであげる．

(1)　自己相関関数は $\tau=0$ を中心に左右対称となる．つまり

$$R_{ff}(-\tau)=R_{ff}(\tau)$$

である（相互相関関数は普通，左右対称にはならない）．

(2)　自己相関関数は $\tau=0$ において最大値をとる．そしてその値は

$$\begin{aligned} R_{ff}(0) &= \| f(t) \|^2 \\ &= \lim_{T\to\infty}\frac{1}{T}\int_0^T |f(t)|^2 dt \end{aligned}$$

である（相互相関関数は普通，$\tau=0$ で最大とはならない）．

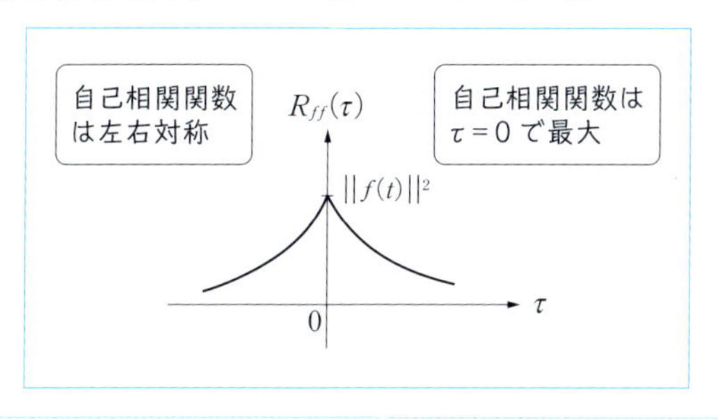

本章のまとめ

1　周期 T のアナログ信号 $f(t)$，$g(t)$ の相互相関関数は両者の相関を変数軸（t 軸）の移動量 τ を変数として以下のように定義される．

$$R_{fg}(\tau)=\lim_{T\to\infty}\frac{1}{T}\int_0^T f(t)g(t+\tau)dt$$

またディジタル信号 f_i，g_i $(i=1, 2, \cdots, N)$ の相互相関関数は以下のように定義される．

$$R_{fg}(k)=\frac{1}{N}\sum_{i=1}^{N} f_i g_{i+k}$$

相互相関関数によって関数間の相関の強さや時間的なずれの度合いなどを求めることができる．

2　アナログ信号 $f(t)$ の自己相関関数は関数それ自身との相互相関関数であり

$$R_{ff}(\tau)=\lim_{T\to\infty}\frac{1}{T}\int_0^T f(t)f(t+\tau)dt$$

と定義される．自己相関関数で信号に周期性があるかを解析できる．自己相関関数は $\tau=0$ で最大 $\|f(t)\|^2$ となり，左右対称である．ディジタル信号では

$$R_{ff}(k)=\frac{1}{N}\sum_{i=1}^{N} f_i g_{i+k}$$

と定義される．

演習問題

1　相互相関関数を利用して音速を求める方法を考えなさい．

2　以下の表はある二つの市の 1 か月おきの平均気温である．両気温の相互相関関数を図示しなさい．またその結果，わかったことを説明しなさい．なお，相互相関関数は

$$R_{fg}(k)=\frac{1}{6}\sum_{i=1}^{6}(f_i-\overline{f})(g_{i+k}-\overline{g})$$

と定義する．ただし，$\overline{f}$，$\overline{g}$ は，それぞれ f_i，g_i の平均値．

温度〔°C〕

i	1	2	3	4	5	6
月	1	3	5	7	9	11
F 市 (f_i)	4	10	20	25	20	5
G 市 (g_i)	20	18	15	10	17	22

3　自己相関関数が $\tau=0$ を中心に左右対称となることを示しなさい．

5章

フーリエ級数展開

5・1　フーリエ級数展開とは

ナポレオン時代のフランスの数学者フーリエ（J. B. J. Fourier, 1768〜1830）は，当時としては大胆ともいえる説を唱えた．彼によれば「三角級数で表現できない関数は存在しない」というのである．しかし残念ながら，この説は当時の大数学者たちには容易に受け入れられなかった．それも当然で，フーリエ自身がしっかりした証明を与えなかったこともあるが，三角関数のように滑らかで単純な関数をいくら加えたところで，複雑な任意の関数が生まれ出てくるとは，直感的には信じがたいことである．しかし，もしフーリエの説が正しいとすればたいへんなことで，どんな信号波形であっても，それはいろいろな周波数の正弦波に分解でき，また逆に周波数の異なる正弦波を適当に加え合わせることによって，任意の信号波形を合成できるということになる．したがって，この理論が本当ならば，信号処理にとって大いに役立つはずである．そこで本章ではまず，その理論が本当かどうか見ていくことにしよう．

とりあえずは**図 5･1** を見てほしい．図 (a) は

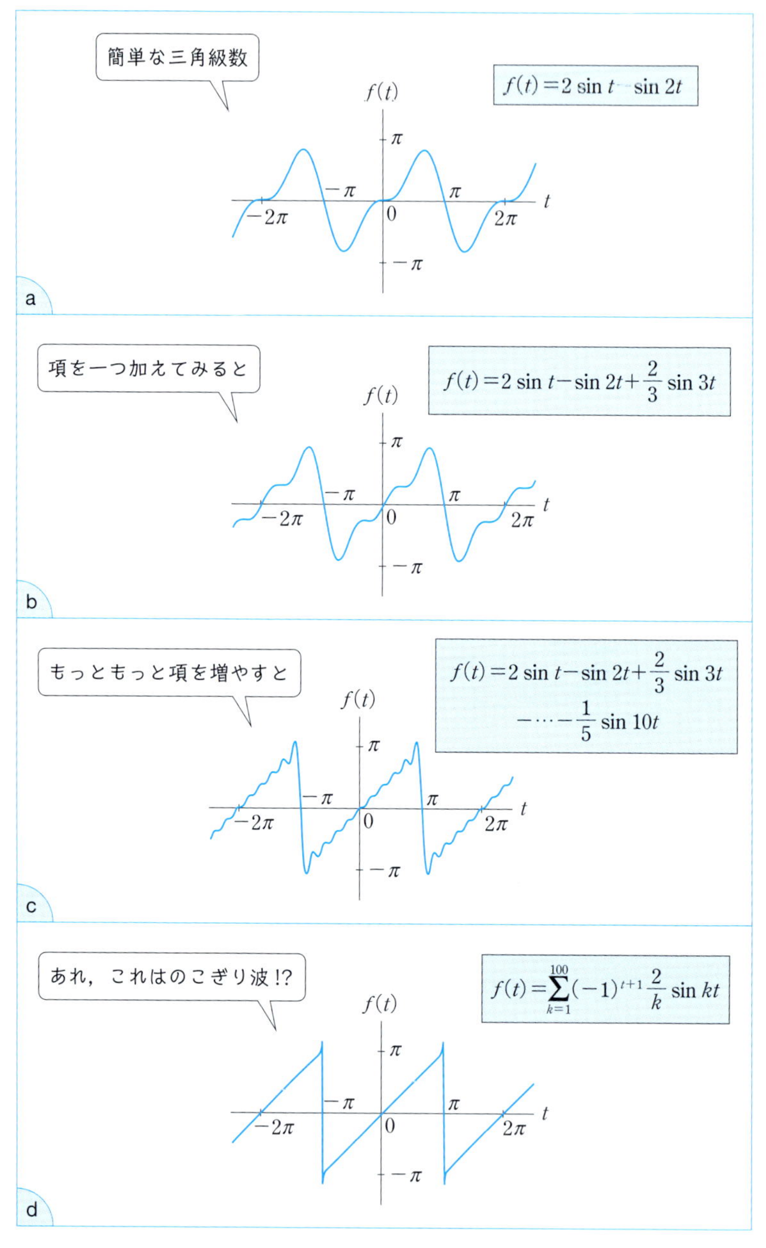
簡単な三角級数
$f(t)=2\sin t-\sin 2t$
$f(t)$
π
$-\pi$
π
t
-2π
0
2π
$-\pi$
a
項を一つ加えてみると
$f(t)=2\sin t-\sin 2t+\frac{2}{3}\sin 3t$
$f(t)$
π
$-\pi$
π
t
-2π
0
2π
$-\pi$
b
もっともっと項を増やすと
$f(t)=2\sin t-\sin 2t+\frac{2}{3}\sin 3t$
$-\cdots-\frac{1}{5}\sin 10t$
$f(t)$
π
$-\pi$
π
t
-2π
0
2π
$-\pi$
c
あれ，これはのこぎり波!?
$f(t)=\sum_{k=1}^{100}(-1)^{t+1}\frac{2}{k}\sin kt$
$f(t)$
π
$-\pi$
π
t
-2π
0
2π
$-\pi$
d

図 5・1 ある三角級数

$$f(t)=2\sin t-\sin 2t$$

という関数を表している．これは確かに三角関数の和，つまり三角級数の形をしている．次にこれに項を一つ加え

$$f(t)=2\sin t-\sin 2t+\frac{2}{3}\sin 3t$$

という関数をつくると，このグラフは図 (b) のようになる．また，どんどん多くの項を加え

$$f(t)=2\sin t-\sin 2t+\frac{2}{3}\sin 3t-\frac{1}{2}\sin 4t+\frac{2}{5}\sin 5t-\frac{1}{3}\sin 6t$$
$$+\frac{2}{7}\sin 7t-\frac{1}{4}\sin 8t+\frac{2}{9}\sin 9t-\frac{1}{5}\sin 10t$$

という関数をつくってみよう．これを示したのが図 (c) である．実はこの三角級数の式には仕掛けがあり，ある規則に基づいてつくられている．この式をよく見ると，ある整数 k によって決まる係数 b_k を

$$b_k=(-1)^{k+1}\frac{2}{k}$$

としたとき

$$f(t)=\sum_{k=1}^{M} b_k \sin kt$$

とつくられていることがわかる．この b_k は角周波数 k の正弦波の振幅，つまりその周波数の成分の大きさを与えている．

図 (c) の $f(t)$ は，k の上限 M を 10 とした場合であったが，さらに M の値を大きくし，$M=100$ とすると，$f(t)$ は図 (d) のようになる．この関数は三角級数でありながら，もはや，のこぎり波にかなり近い波形となっている．論より証拠，フーリエの説はわれわれが扱う物理的な信号波形に対してはどうやら正しいようである．しかも，この例のように波形が滑らかでなく，不連続点を含むような信号であってもかまわないというのは，実に頼もしい．ただし，不連続点の付近で細かな振動が残っているのは，いささか気がかりであるけれど．

物理界にはさまざまな周波数成分の合成によって現象が形づくられている例が実に多い．その典型である光は，波長約 8 000Å（オングストローム＝0.1 nm）の赤から，波長約 4 000Å の紫までの電磁波の合成である．白色光をプリズムに

通すと波長による屈折率の違いから，七色のきれいな色の模様（スペクトル）が浮かび出てくることはご存じだろう．これはまさに，白色光がいろいろな波長の光の合成であることの証しである．プリズムを使って光をスペクトルに分解し，色の配合を調べて光が解析できるように，われわれも信号をいろいろな周波数の成分に分解することによって，元の信号がどのようにして発生したか，あるいはどのような経路をたどり，途中，外部からどのような影響を受けたのかなど，信号の身元や経歴を明らかにするための有力な情報を得ることができよう．このような解析方法は，**スペクトル解析**（spectral analysis）とか**フーリエ解析**（Fourier analysis）とよばれている．

フーリエの説が正しいことは，実は3章での数学の準備体操ですでにわれわれは見通していた．3章の最後にも出てきたが，次の正規直交関数系

$$\{1, \sqrt{2}\cos t, \sqrt{2}\cos 2t, \sqrt{2}\cos 3t, \cdots,$$
$$\sqrt{2}\sin t, \sqrt{2}\sin 2t, \sqrt{2}\sin 3t, \cdots\}$$

を用いて関数を表現してみよう．ある関数 $f(t)$ はこの関数系によって $[-\pi, \pi]$ で

$$f(t) = \alpha_0 + \alpha_1\sqrt{2}\cos t + \alpha_2\sqrt{2}\cos 2t + \alpha_3\sqrt{2}\cos 3t + \cdots$$
$$+ \beta_1\sqrt{2}\sin t + \beta_2\sqrt{2}\sin 2t + \beta_3\sqrt{2}\sin 3t + \cdots$$

のように表せるはずである．係数 α_k，β_k は，すでに学んだように内積を使えば

$$\alpha_0 = \langle f(t), 1\rangle = \frac{1}{2\pi}\int_{-\pi}^{\pi} f(t)\,dt$$

$$\alpha_k = \langle f(t), \sqrt{2}\cos kt\rangle = \frac{\sqrt{2}}{2\pi}\int_{-\pi}^{\pi} f(t)\cos kt\,dt$$

$$\beta_k = \langle f(t), \sqrt{2}\sin kt\rangle = \frac{\sqrt{2}}{2\pi}\int_{-\pi}^{\pi} f(t)\sin kt\,dt$$

のように表現できる．

結果として $f(t)$ は，一般的には次のような展開式で表せる．

$$\begin{aligned} f(t) &= \frac{a_0}{2} + a_1\cos t + a_2\cos 2t + a_3\cos 3t + \cdots \\ &\quad + b_1\sin t + b_2\sin 2t + b_3\sin 3t + \cdots \\ &= \frac{a_0}{2} + \sum_{k=1}^{\infty}(a_k\cos kt + b_k\sin kt) \end{aligned} \tag{5・1}$$

ここで a_0, a_k, b_k を**フーリエ係数**（Fourier coefficient）といい，このような形で関数を展開することを**フーリエ級数展開**（Fourier series expansion）という．後で出てくる複素形式のフーリエ級数展開と区別するために，これらを実フーリエ係数，実フーリエ級数展開とよぶこともある．第3章で学んだように，実は三角級数でなくとも完全な直交関数系であれば，それによって任意の関数を展開できる．しかし，いろいろな周波数の正弦波の集まりである三角級数が最も有用性が高いため，フーリエ級数展開といえば，普通は三角級数での展開を指している．

フーリエ係数は，α_0, α_k, β_k と比較すると

$$a_0=2\alpha_0=\frac{1}{\pi}\int_{-\pi}^{\pi}f(t)\,dt$$

$$a_k=\sqrt{2}\alpha_k=\frac{1}{\pi}\int_{-\pi}^{\pi}f(t)\cos kt\,dt$$

$$b_k=\sqrt{2}\beta_k=\frac{1}{\pi}\int_{-\pi}^{\pi}f(t)\sin kt\,dt$$

と表せることがわかる．式(5·1)で定数の項を $a_0/2$ と，わざわざ2で割って表しているのは，$\cos kt$ が $k=0$ のときは1であることから，a_0 を $k=0$ のときの a_k として一般的に表そうとしているためである．だから，フーリエ係数は最終的には

$$\left.\begin{aligned}a_k&=\frac{1}{\pi}\int_{-\pi}^{\pi}f(t)\cos kt\,dt\quad(k=0,\ 1,\ 2,\ \cdots)\\ b_k&=\frac{1}{\pi}\int_{-\pi}^{\pi}f(t)\sin kt\,dt\quad(k=1,\ 2,\ \cdots)\end{aligned}\right\}\tag{5・2}$$

と表せる．

式(5·1)でいちばん周期の長い波，つまり $\cos t$, $\sin t$ の和を**基本波**または**基本調波**とよび，その半分の周期の波を**第2高調波**，1/3の周期の波を**第3高調波**，…とよんでいく．a_0 は式の形からもわかるように，$f(t)$ の平均の値を表す定数項であり，$f(t)$ が電気信号ならば a_0 はその直流成分を表すことになる．そして a_0 以外のフーリエ係数が信号の交流成分を表すわけである．

図5·2はある信号をフーリエ級数に展開し，直流成分と各高調波の成分に分解した様子を表している．時間を変数とする領域（**時間領域**）で表された信号 $f(t)$ は，周波数を変数とする領域（**周波数領域**）ではフーリエ係数（a_k, b_k）によって

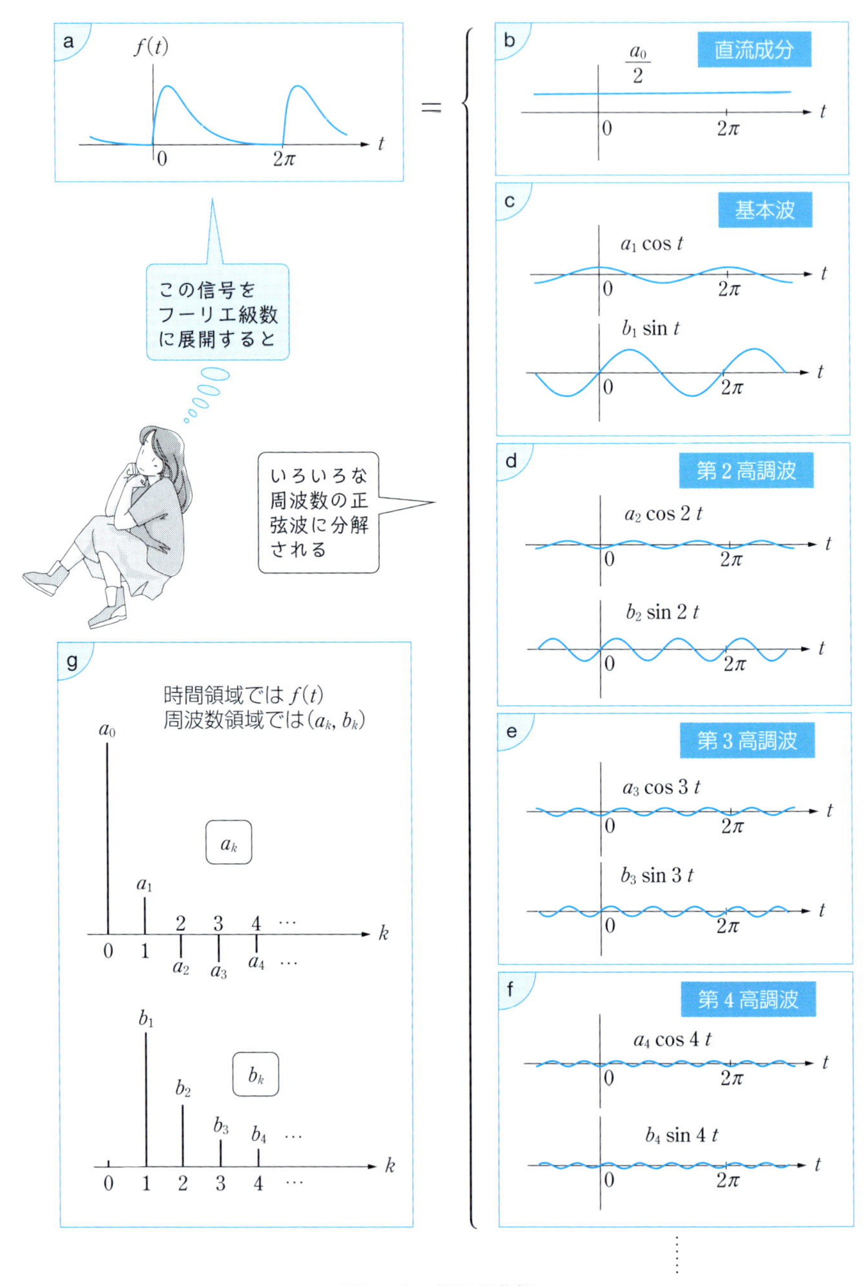
a
$f(t)$
0
2π
t
この信号をフーリエ級数に展開すると
いろいろな周波数の正弦波に分解される
=
b
直流成分
$\frac{a_0}{2}$
c
基本波
$a_1 \cos t$
$b_1 \sin t$
d
第 2 高調波
$a_2 \cos 2t$
$b_2 \sin 2t$
e
第 3 高調波
$a_3 \cos 3t$
$b_3 \sin 3t$
f
第 4 高調波
$a_4 \cos 4t$
$b_4 \sin 4t$
g
時間領域では $f(t)$
周波数領域では (a_k, b_k)
a_k
b_k
a_0 a_1 a_2 a_3 a_4 …
b_1 b_2 b_3 b_4 …
0 1 2 3 4 …
k

図 5・2　信号の分解

表されるわけである．

最も周期の長い基本波が周期 2π の周期関数であり，他の高調波も 2π を周期としてもつことから，フーリエ級数によって波形を合成すれば，当然これも周期 2π の周期関数となる．そうであるなら，**フーリエ級数展開とは，そもそも周期関数を表すような展開の方法である**というべきである．

典型的な波形を実際にフーリエ級数に展開してみよう．たとえば，先に出てきたのこぎり波はどうなるだろうか（**図5·3**）．この波形は，$-\pi \leqq t \leqq \pi$ において

$$f(t) = t$$

と表せるから，フーリエ係数は

$$a_k = \frac{1}{\pi}\int_{-\pi}^{\pi} t \cos kt \, dt$$

＊カンニング

$$= \frac{1}{\pi}\left[\frac{t \sin kt}{k} + \frac{\cos kt}{k^2}\right]_{-\pi}^{\pi}$$

$$= 0 \quad (k = 0, 1, 2, \cdots)$$

$$b_k = \frac{1}{\pi}\int_{-\pi}^{\pi} t \sin kt \, dt$$

$$= \frac{1}{\pi}\left[-\frac{t \cos kt}{k} + \frac{\sin kt}{k^2}\right]_{-\pi}^{\pi}$$

$$= -\frac{2}{k}\cos k\pi$$

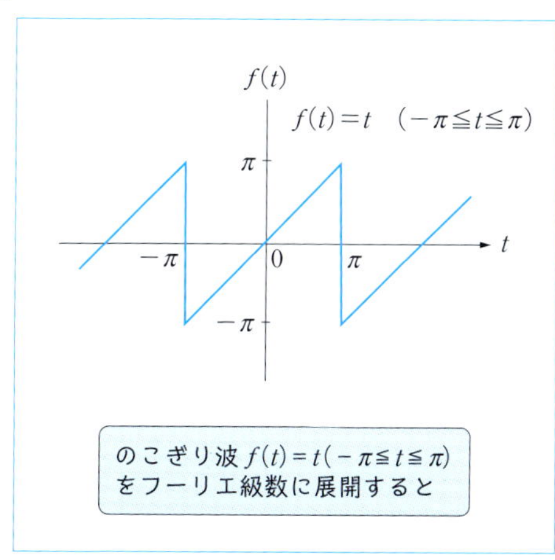

図5・3　典型的な波形のフーリエ級数への展開

$$=(-1)^{k+1}\frac{2}{k} \quad (k=1, 2, \cdots)$$

となる．したがって，$f(t)$ は

$$f(t)=\sum_{k=1}^{M} b_k \sin kt$$

と展開される．お気付きのようにこの式は本章の最初（p. 65）に出てきた式と一致している．これを有限の項で打ち切ったときの波形がどうなるかは，すでに図 5·1 で見たとおりである．つまりこの場合，のこぎり波で表される周期関数をフーリエ級数として展開したと考えられる．

〈カンニング・ペーパー〉

部分積分の公式

$$\int u'(t)v(t)\,dt=u(t)v(t)-\int u(t)v'(t)\,dt$$

例　題

(問)　$f(t)=|t|$ を区間 $[-\pi, \pi]$ でフーリエ級数に展開してみよう．

(答)

$$f(t)=\frac{\pi}{2}-\frac{4}{\pi}\left(\cos t+\frac{1}{9}\cos 3t+\frac{1}{25}\cos 5t+\cdots\right)$$

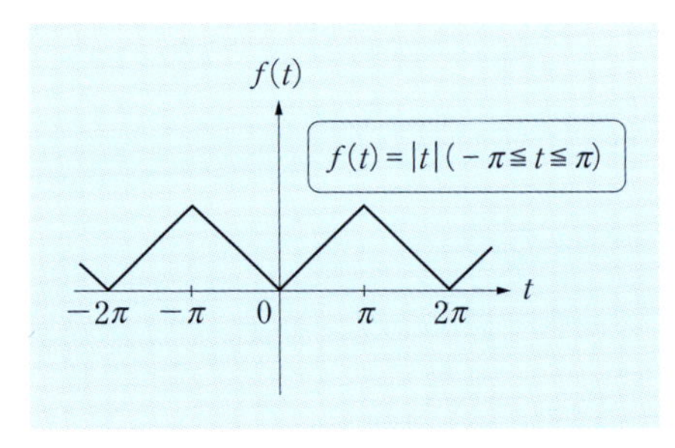

5・2　偶関数と奇関数

先に例としてあげたのこぎり波のフーリエ級数展開では，cos の項がすべて消え，sin の項だけが残った．その一方，例題で解いた

$$f(t)=|t|$$

のフーリエ級数展開は，sin の項が消え，cos の項だけが残った．これはどうしてだろうか．

$f(t)=|t|$ の関数はよく見ると

$$f(t)=f(-t)$$

の形をしていることがわかる（**図 5·4**）．$t=0$ の軸に対して左右対称な波形は，このような形の関数で表される．これを**偶関数**という．一方，のこぎり波は

$$f(t)=-f(-t)$$

の形の関数である（図 5·4）．原点に対し点対称な波形は，このような関数で表される．これを**奇関数**という．$\cos kt$ $(k=0, 1, 2, \cdots)$ が偶関数，$\sin kt$ $(k=1, 2, \cdots)$ が奇関数であることは明らかだろう（**図 5·5**）．

いま，$g(t)$ が偶関数，$h(t)$ が奇関数のとき，次の定積分を求めてみよう．

$$\begin{aligned}\int_{-a}^{a} g(t)h(t)dt &= \int_{-a}^{0} g(t)h(t)dt + \int_{0}^{a} g(t)h(t)dt \\ &= \int_{-a}^{0} g(-t)\{-h(-t)\}dt + \int_{0}^{a} g(t)h(t)dt \\ &= -\int_{0}^{a} g(t)h(t)dt + \int_{0}^{a} g(t)h(t)dt \\ &= 0\end{aligned}$$

この結果から，偶関数と奇関数を掛け合わせた関数を原点を中心として対称の区間で定積分すると，その値が0となることがわかった．したがって，信号 $f(t)$

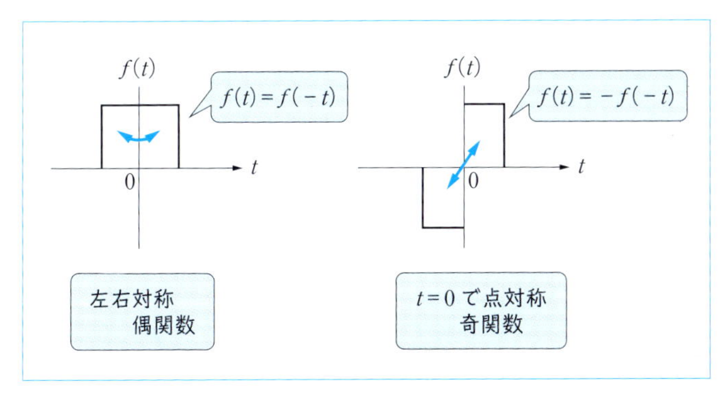

図 5・4　偶関数と奇関数

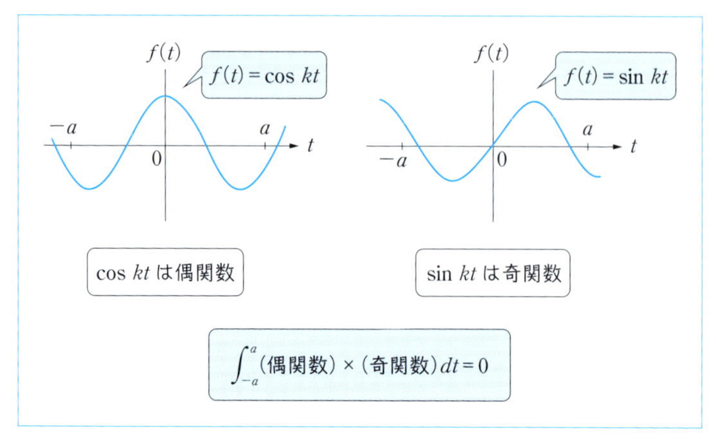

図 5・5　偶関数と奇関数の積を積分すると

が偶関数のときは，$\sin kt$ が奇関数であることから

$$b_k = \frac{1}{\pi}\int_{-\pi}^{\pi} f(t)\sin kt\, dt = 0 \quad (k = 1,\ 2,\ \cdots)$$

となる．また $f(t)$ が奇関数のときは $\cos kt$ が偶関数であるので

$$a_k = \frac{1}{\pi}\int_{-\pi}^{\pi} f(t)\cos kt\, dt = 0 \quad (k = 0,\ 1,\ 2,\ \cdots)$$

となるわけである（図 5·5）．したがって，結論的にいうと

偶関数のフーリエ級数は cos の項のみで表され，
奇関数のフーリエ級数は sin の項のみで表される．

といえる．

ふたたび，ある関数 $f(t)$ の展開式 (5·1) をながめてみよう．

$$f(t) = \frac{a_0}{2} + \sum_{k=1}^{\infty}(a_k \cos kt + b_k \sin kt)$$

すると，このようにもいえそうである．

任意の関数 $f(t)$ は偶関数 $g(t)$ と奇関数 $h(t)$ の和で表すことができ，$f(t)$ のフーリエ級数は $g(t)$ と $h(t)$ それぞれのフーリエ級数の和で表される．

5・3　周期が 2π でない場合

いままでは変数 t の基本区間を $[-\pi, \pi]$ として話を進めてきた．周期信号の周期が 2π であるときは，これを基本区間としておけばよいが，より一般的に信号を扱おうとするならば，周期をある変数 T とおき，基本区間も $[-T/2, T/2]$ としてフーリエ級数展開を表しておかなければ都合が悪い．区間が $[-\pi, \pi]$ から $[-T/2, T/2]$ に拡大（あるいは縮小）されると，基本波の周期も 2π から T へと拡大（あるいは縮小）される．この変換の倍率は $T/2\pi$ であるので，基本波は

$$\cos\frac{2\pi}{T}t \qquad \sin\frac{2\pi}{T}t$$

第 k 高調波は

$$\cos\frac{2\pi}{T}kt \qquad \sin\frac{2\pi}{T}kt$$

となる．したがって，$f(t)$ を区間 $[-T/2, T/2]$ でフーリエ級数に展開すると

$$f(t)=\frac{a_0}{2}+\sum_{k=1}^{\infty}\left\{a_k\cos\left(\frac{2\pi}{T}kt\right)+b_k\sin\left(\frac{2\pi}{T}kt\right)\right\} \tag{5・3}$$

となる．

基本波の角周波数を ω_0 とすると，$\omega_0=2\pi/T$ なので，この式は

$$f(t)=\frac{a_0}{2}+\sum_{k=1}^{\infty}\{a_k\cos\omega_0kt+b_k\sin\omega_0kt\} \tag{5・4}$$

とも書ける．フーリエ係数は，区間が $[-\pi, \pi]$ であったときの式 (5･2)

$$a_k=\frac{1}{\pi}\int_{-\pi}^{\pi}f(t)\cos kt dt$$

において，変数が

$$t \to \omega_0 t$$

また積分区間が

$$[-\pi, \pi] \to \left[-\frac{T}{2}, \frac{T}{2}\right]$$

周期が 2π でないときはこんな式

に変換されたことに注意すると，$f(t)$ はそのままにして

$$a_k = \frac{2}{T}\int_{-T/2}^{T/2} f(t)\cos\omega_0 kt\,dt \quad (k=0, 1, 2, \cdots) \tag{5・5}$$

と表せることがわかる．同様にして，次式が導かれる．

$$b_k = \frac{2}{T}\int_{-T/2}^{T/2} f(t)\sin\omega_0 kt\,dt \quad (k=1, 2, \cdots) \tag{5・6}$$

5・4 複素フーリエ級数展開

普通，われわれが信号処理で対象とする信号は，電圧，音圧，温度といった実数の値をもつ物理量である．したがって，ここで複素数の扱いを話題とするのは妙に思われるかもしれない．ところが，これから説明していく複素形式のフーリエ級数展開を使うと，煩わしい三角関数の取扱いから解放され，式の形も非常にすっきりと表せるようになる．しかも，信号が複素数値の系列として与えられる場合にもそのまま適用できるうえ，複素数の演算ができるコンピュータ言語を利用する場合は，プログラムはずっと簡単に書ける．そのような理由から，複素形式のフーリエ級数に慣れておくのが，将来のために有益なのである．

〔1〕 複素数の演算法

複素数 z を

$$z = \alpha + j\beta$$

と表す．j は虚数単位で $j=\sqrt{-1}$ である．虚数単位は i と書くように習ったかもしれないが，電気屋は電流を表す記号として i を使ってしまったので，虚数単位には別の記号 j を使うようになった．α は z の実部，β は z の虚部であり

$$\alpha = \mathrm{Re}[z] \qquad \beta = \mathrm{Im}[z]$$

と表す．z は，横軸を実部，縦軸を虚部にとった複素平面上で**図 5･6** のように表せる．ここで

$$|z| = \sqrt{\alpha^2 + \beta^2}$$

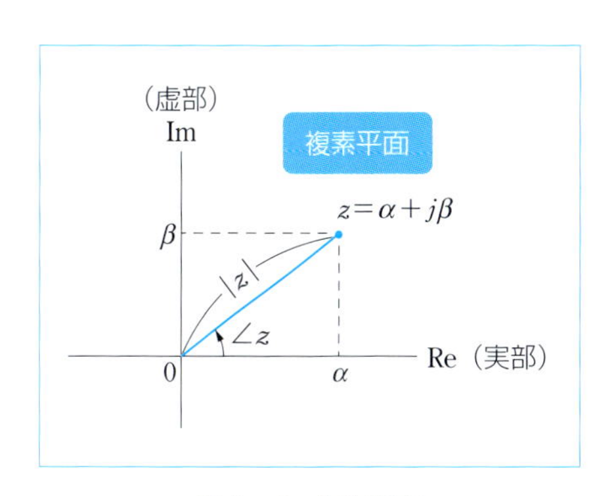

図 5・6　複素平面

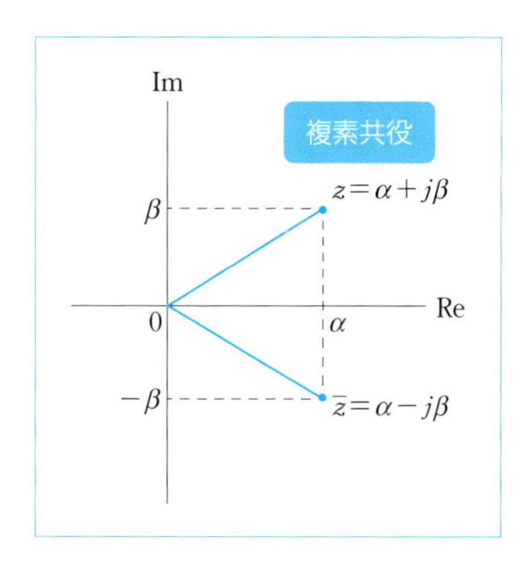

図 5・7　共役複素数

を z の**絶対値**といい

$$\angle z=\tan^{-1}\frac{\beta}{\alpha}$$

を z の**偏角**という．$\alpha+j\beta$ と，その虚部に負号をつけた $\alpha-j\beta$ は互いに**複素共役**にあるといい

$$\bar{z}=\alpha-j\beta$$

を z の**共役複素数**という（**図 5・7**）．

$$\overline{z_1\cdot z_2}=\overline{z_1}\cdot\overline{z_2}$$

となることは自分で確かめてみよう．また共役複素数との加減算は

$$z+\bar{z}=2\alpha=2\,\mathrm{Re}[z]$$

$$z-\bar{z}=2\beta=2\,\mathrm{Im}[z]$$

となり，さらに乗算は

$$z\cdot\bar{z}=(\alpha+j\beta)(\alpha-j\beta)$$
$$=\alpha^2+\beta^2$$
$$=|z|^2$$

となる．ところで，z^2 と $|z|^2$ は異なるので，くれぐれも注意しよう．たとえば $z=j$ のとき，つまり $\alpha=0$，$\beta=1$ のとき，z^2 は -1 であるが，$|z|^2$ は 1 である．

図 5・8 のように複素平面にある単位円上の点が，実軸と θ の角をなすとき，この点は

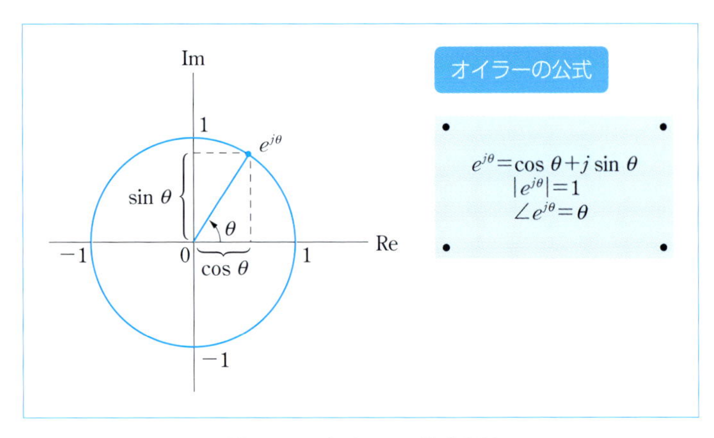

図5・8 オイラーの公式とは

$$\cos\theta+j\sin\theta$$

と表せる．実は，これは

$$e^{j\theta}=\cos\theta+j\sin\theta \qquad (5\cdot7)$$

とも書ける．e は自然対数の底であり，この式は**オイラー**（Euler）**の公式**とよばれている．複利計算で現れた e は

$$e=\lim_{n\to\infty}\left(1+\frac{1}{n}\right)^n=2.71828\cdots$$

と定義されたが，これがオイラーの公式によって，なぜ幾何で現れる三角関数と結びつくのか，不思議なところではある．しかし，その詳細はともかくとして，テイラー展開という操作によって $\cos\theta$，$\sin\theta$ をそれぞれべき級数に展開すると

$$\cos\theta=1-\frac{\theta^2}{2!}+\frac{\theta^4}{4!}-\frac{\theta^6}{6!}+\cdots$$

$$\sin\theta=\theta-\frac{\theta^3}{3!}+\frac{\theta^5}{5!}-\frac{\theta^7}{7!}+\cdots$$

となり，同様に $e^{j\theta}$ を展開すると

$$e^{j\theta}=1+\frac{j\theta}{1!}+\frac{(j\theta)^2}{2!}+\frac{(j\theta)^3}{3!}+\frac{(j\theta)^4}{4!}+\cdots$$

$$=1-\frac{\theta^2}{2!}+\frac{\theta^4}{4!}-\frac{\theta^6}{6!}+\cdots+j\left(\theta-\frac{\theta^3}{3!}+\frac{\theta^5}{5!}-\frac{\theta^7}{7!}+\cdots\right)$$

$$=\cos\theta+j\sin\theta$$

となることから，オイラーの公式が正しいと認めておいてもらうことにしよう

MEMO

オイラーの公式を使うと三角関数が次のように表せることがわかる.

$$\cos\theta=\frac{e^{j\theta}+e^{-j\theta}}{2}$$

$$\sin\theta=\frac{e^{j\theta}-e^{-j\theta}}{2j}$$

どうしてそうなるかって？　それは宿題.

定義から明らかなように，$e^{j\theta}$ の絶対値は

$$|e^{j\theta}|=1$$

であり，偏角は

$$\angle e^{j\theta}=\theta$$

である．このことから，任意の複素数 z はその絶対値と偏角によって

$$z=|z|e^{j\angle z}$$

という形に書けることになる（**図 5・9**）．この表現法を用いれば，複素数の積や

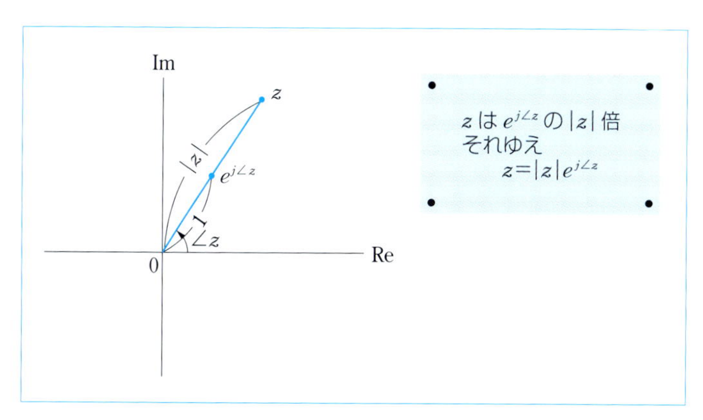

図 5・9　任意の複素数を絶対値と偏角で表してみる

商は簡単に表すことができる．すなわち

$$z_1 \cdot z_2 = |z_1| e^{j\angle z_1} \cdot |z_2| e^{j\angle z_2} = |z_1||z_2| e^{j(\angle z_1 + \angle z_2)}$$

となり，絶対値は絶対値どうしの積，偏角は偏角どうしの和になるのである（**図5·10**）．同じようにして，割り算も

$$\frac{z_1}{z_2} = \frac{|z_1|}{|z_2|} e^{j(\angle z_1 - \angle z_2)}$$

のように書ける（**図5·11**）．三角関数の積や商を式で表すのは大変に面倒であったが，複素数を用いると実に簡単である．

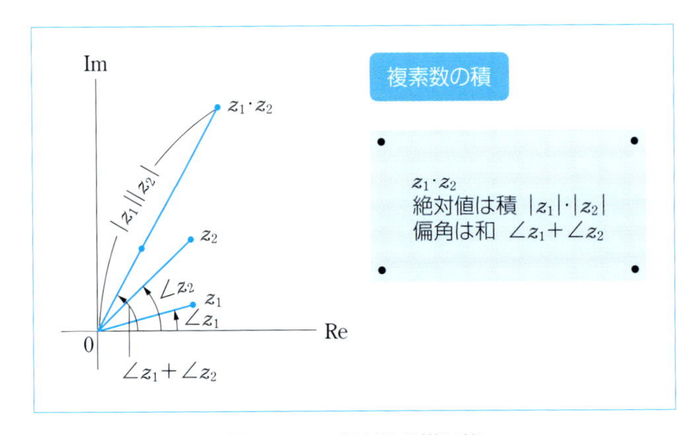

図5・10　複素数の掛け算

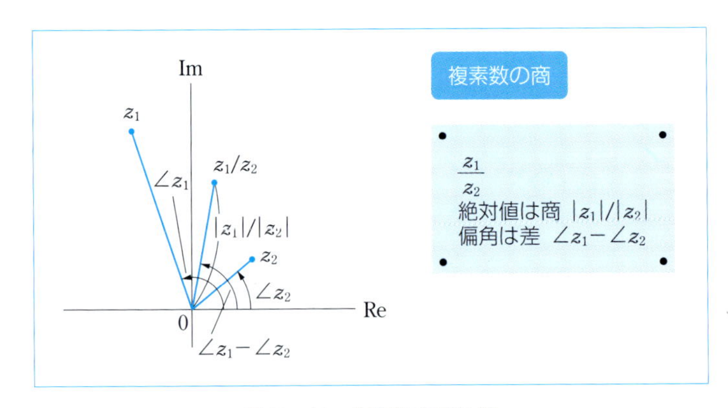

図5・11　複素数の割り算

〔2〕 複素フーリエ級数展開を導く

さて，話題をフーリエ級数展開に戻そう．そもそもフーリエ級数展開の基本的な考え方は，与えられた関数をあらかじめ性質のよくわかっている関数系によって級数として展開することにあった．そこでまず，次の関数系を調べてみよう．

$$\{\cdots, e^{-j2t}, e^{-jt}, 1, e^{jt}, e^{j2t}, \cdots\} = \{e^{jkt}, k=0, \pm1, \pm2, \cdots\}$$

ここで

$$e^{jt} = \cos t + j \sin t$$

であり，e^{jt} とは，複素平面の単位円上を反時計回りに角速度 1 rad/s で回転する点を表す．また e^{jkt} は，同じく角速度 k〔rad/s〕で回転する点を表す．指数に負号がついたとき，たとえば e^{-jkt} とは，e^{jkt} と等速ではあるが，逆方向に回転する点を表すことになる（**図 5・12**）．また

$$\begin{aligned} e^{-j\theta} &= \cos(-\theta) + j \sin(-\theta) \\ &= \cos\theta - j \sin\theta \\ &= \overline{e^{j\theta}} \end{aligned}$$

であるので，e^{-jkt} と e^{jkt} は複素共役の関係にあることがわかる．

与えられた関数系が $[-\pi, \pi]$ で直交関数系をなしているかどうかを調べるためには，関数系の中から任意に二つの関数を選び出し，その内積を求めてみればよい．

ところで，一般に複素数の値をもつ関数（複素関数）$f(t)$，$g(t)$ の内積の定

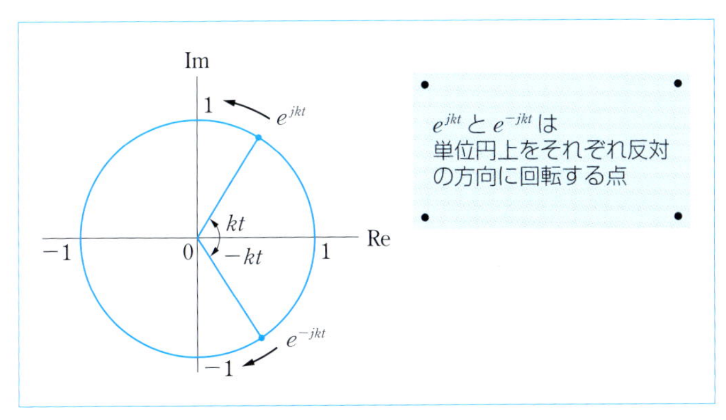

図 5・12　e^{jkt} と e^{-jkt} とは

義としては

$$\langle f(t),\ g(t)\rangle=\frac{1}{b-a}\int_a^b f(t)\cdot\overline{g(t)}\,dt$$

のように，片方の関数は複素共役をとるのが自然である．なぜならば，そうしないと

$$\begin{aligned}\langle f(t),\ f(t)\rangle&=\frac{1}{b-a}\int_a^b f(t)\cdot\overline{f(t)}\,dt\\&=\frac{1}{b-a}\int_a^b |f(t)|^2dt\\&=\|f(t)\|^2\end{aligned}$$

のようには内積とノルムの関係が結びつかなくなってしまうからである．

　したがって，関数系 $\{e^{jkt},\ k=0,\ \pm1,\ \pm2,\ \cdots\}$ の中から任意に選んだ二つの関数の内積は

$$\begin{aligned}\langle e^{jmt},\ e^{jnt}\rangle&=\frac{1}{2\pi}\int_{-\pi}^{\pi}e^{jmt}\overline{e^{jnt}}\,dt\\&=\frac{1}{2\pi}\int_{-\pi}^{\pi}e^{jmt}e^{-jnt}\,dt\\&=\frac{1}{2\pi}\int_{-\pi}^{\pi}e^{j(m-n)t}\,dt\end{aligned}$$

と表されることになる．

$$\langle e^{jmt},\ e^{jnt}\rangle=\frac{1}{2\pi}\int_{-\pi}^{\pi}e^{j(m-n)t}\,dt$$

＊カンニング

は，$m\neq n$ のときは

$$\begin{aligned}&\frac{1}{2j(m-n)\pi}\left[e^{j(m-n)t}\right]_{-\pi}^{\pi}\\&=\frac{1}{(m-n)\pi}\frac{\{e^{j(m-n)\pi}-e^{-j(m-n)\pi}\}}{2j}\\&=\frac{1}{(m-n)\pi}\sin(m-n)\pi\\&=0\end{aligned}$$

である．

〈カンニング・ペーパー〉

指数関数の積分

$$\int e^{at}dt = \frac{1}{a}e^{at} \quad (a \neq 0)$$

ここで複素関数の積分が出てきたが，初めての人も虚数単位 j を実数の定数であるかのようにみなし，安心して積分を行ってかまわない．さてここで

$$\langle e^{jmt}, e^{jnt} \rangle = 0 \quad (m \neq n)$$

が得られた．

$m=n$ のときは $e^0=1$ だから

$$\langle e^{jnt}, e^{jnt} \rangle = \frac{1}{2\pi}\int_{-\pi}^{\pi} 1\, dt$$

$$= 1$$

である．つまり

$$\langle e^{jmt}, e^{jnt} \rangle = \delta_{mn} \quad (m, n = 0, \pm 1, \pm 2, \cdots)$$

が成立する．δ_{mn} は p. 44 に出てきたクロネッカーのデルタである．したがって，関数系

$$\{e^{jkt}, k = 0, \pm 1, \pm 2, \cdots\}$$

は，区間 $[-\pi, \pi]$ で正規直交関数系をなしている．

したがって任意の関数 $f(t)$ はこの関数系によって

$$f(t) = \sum_{k=-\infty}^{\infty} C_k e^{jkt} \tag{5・8}$$

のように展開できることになる．これを**複素フーリエ級数展開**という．C_k は複素フーリエ係数といい，実フーリエ級数展開のときと同じように，$f(t)$ と e^{jkt} との内積で与えられる．つまり

$$C_k = \langle f(t), e^{jkt} \rangle = \frac{1}{2\pi}\int_{-\pi}^{\pi} f(t) e^{-jkt} dt \tag{5・9}$$

である．また基本区間を一般的に $[-T/2, T/2]$ とした場合は

$$
\left.\begin{aligned}
f(t) &= \sum_{k=-\infty}^{\infty} C_k e^{j\omega_0 kt} \\
C_k &= \frac{1}{T}\int_{-T/2}^{T/2} f(t)e^{-j\omega_0 kt}dt \quad \left(\omega_0 = \frac{2\pi}{T}\right)
\end{aligned}\right\} \tag{5・10}
$$

と表される．C_k は一般的に複素数の値をとることに注意しよう．

複素フーリエ係数と実フーリエ係数は，いったいどのような関係にあるだろうか．複素フーリエ係数を与える式 (5･10) にオイラーの公式を代入すると

$$
\begin{aligned}
C_k &= \frac{1}{T}\int_{-T/2}^{T/2} f(t)(\cos\omega_0 kt - j\sin\omega_0 kt)dt \\
&= \frac{1}{T}\int_{-T/2}^{T/2} f(t)\cos\omega_0 kt\,dt - j\frac{1}{T}\int_{-T/2}^{T/2} f(t)\sin\omega_0 kt\,dt
\end{aligned}
$$

となるから，実フーリエ係数の式 (5･5)，(5･6) と見比べると

$$
\left.\begin{aligned}
C_k &= \frac{1}{2}(a_k - jb_k) \quad (k=1,\ 2,\ \cdots) \\
C_0 &= \frac{1}{2}a_0 \\
C_{-k} &= \frac{1}{2}(a_k + jb_k) \quad (k=1,\ 2,\ \cdots)
\end{aligned}\right\} \tag{5・11}
$$

となることがわかる．この式から明らかなように，k の正と負の項に対し，C_k は，複素共役

$$
C_{-k} = \overline{C_k} \tag{5・12}
$$

の関係にあることがわかる．したがって

$$
|C_{-k}| = |C_k|
$$

$$
\angle C_{-k} = -\angle C_k
$$

が成立する．

複素フーリエ係数 $C_{\pm k}$ $(k=0,\ 1,\ 2,\ \cdots)$ の絶対値

$$
|C_{\pm k}| = \frac{\sqrt{{a_k}^2 + {b_k}^2}}{2} \tag{5・13}
$$

を**振幅スペクトル**，その偏角

$$\angle C_{\pm k} = \mp \tan^{-1} \frac{b_k}{a_k} \tag{5・14}$$

を**位相スペクトル**という．また $|C_k|^2$ を**パワースペクトル**（電力スペクトル）という．振幅スペクトルは，対象としている信号の中に各周波数の成分がどのくらい含まれているかを示すものであり，一般の信号解析では，位相スペクトルよりも振幅スペクトルやパワースペクトルに多くの関心が向けられる．ところで，C_k は C_{-k} と複素共役の関係にあるので，振幅スペクトル，パワースペクトルは $k=0$ を中心として左右対称となることに注意しよう．**図 5・13** に，ある信号のスペクトルの例を示す．

複素フーリエ係数は，その振幅と位相によって

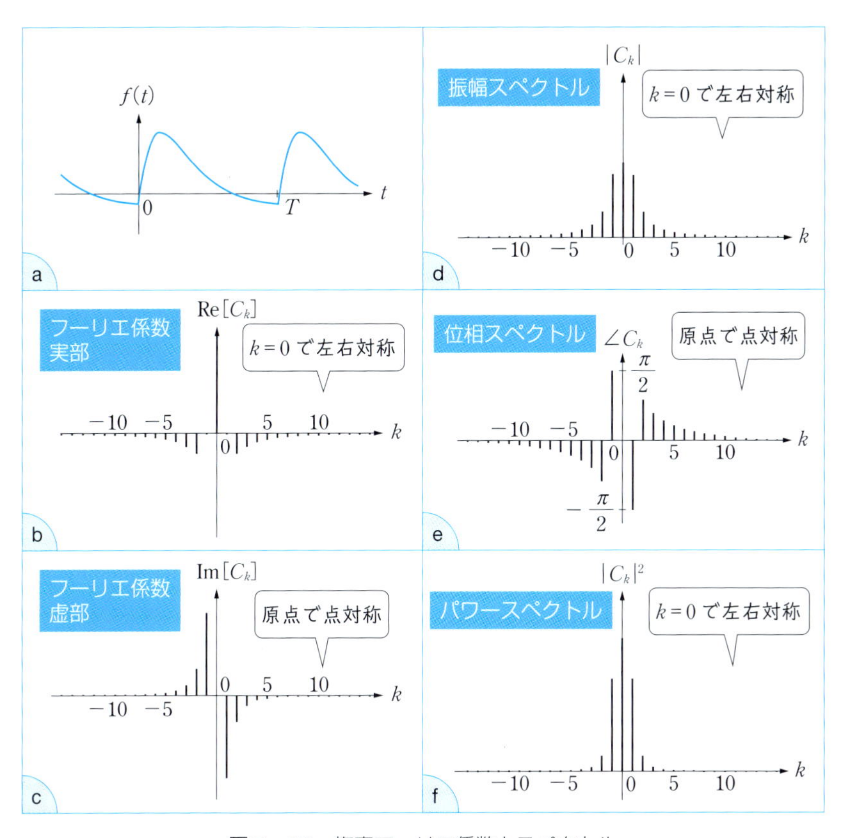

図 5・13　複素フーリエ係数とスペクトル

$$C_k = |C_k| e^{j\varphi_k}$$

と書ける．ただし

$$\varphi_k = \angle C_k$$

である．それゆえ，$f(t)$ は振幅スペクトルと位相スペクトルを用いると

$$\begin{aligned} f(t) &= \sum_{k=-\infty}^{\infty} C_k e^{j\omega_0 kt} \\ &= \sum_{k=-\infty}^{\infty} |C_k| e^{j(\omega_0 kt + \varphi_k)} \end{aligned} \tag{5・15}$$

とも表せる．

フーリエ係数は複素数であるが，$f(t)$ は実関数なので，式 (5·15) の右辺は当然実数にならなくてはならない．そうなるヒントは，式 (5·12) の C_k と C_{-k} との複素共役の関係にある．$f(t)$ は k の値を正の整数とすれば

$$f(t) = C_0 + \sum_{k=1}^{\infty} (C_k e^{j\omega_0 kt} + C_{-k} e^{-j\omega_0 kt})$$

とも書けるが，C_{-k} と C_k が複素共役の関係にあることから

$$\begin{aligned} f(t) &= C_0 + \sum_{k=1}^{\infty} (C_k e^{j\omega_0 kt} + \overline{C_k} e^{-j\omega_0 kt}) \\ &= C_0 + \sum_{k=1}^{\infty} |C_k| \cdot \{e^{j(\omega_0 kt + \varphi_k)} + e^{-j(\omega_0 kt + \varphi_k)}\} \\ &= C_0 + 2\sum_{k=1}^{\infty} |C_k| \cos(\omega_0 kt + \varphi_k) \end{aligned} \tag{5・16}$$

となる．$f(t)$ の直流成分を表す C_0 はもちろん実数であるので，このようにして右辺は必ず実数値をとるわけである．

MEMO

信号 $f(t)$ が偶関数のときは，複素フーリエ係数の虚部はすべて 0，また奇関数のときは実部がすべて 0 となる．

（ヒント）　複素関数 $e^{jkt} = \cos kt + j\sin kt$ の実部は偶関数，虚部は奇関数．

〔3〕 複素フーリエ級数展開の例

ここで，例として**図 5･14** のような周期 T の方形波をフーリエ級数に展開してみよう．複素フーリエ係数は

$$C_k=\frac{1}{T}\int_{-T/2}^{T/2} f(t)e^{-j\omega_0 kt}dt \quad \left(\omega_0=\frac{2\pi}{T}\right)$$

と表されたが，ここで，$f(t)$ は $-1\leqq t\leqq 1$ で 1，それ以外は 0 であるので，$k\neq 0$ のとき

$$\begin{aligned}C_k&=\frac{1}{T}\int_{-1}^{1} 1\cdot e^{-j\omega_0 kt}dt\\&=\frac{1}{T}\frac{1}{-j\omega_0 k}\left[e^{-j\omega_0 kt}\right]_{-1}^{1}\\&=\frac{1}{T}\frac{1}{-j\omega_0 k}\left(e^{-j\omega_0 k}-e^{j\omega_0 k}\right)\end{aligned}$$

となる．ここでオイラーの公式から

$$\sin\omega_0 k=\frac{1}{2j}\left(e^{j\omega_0 k}-e^{-j\omega_0 k}\right)$$

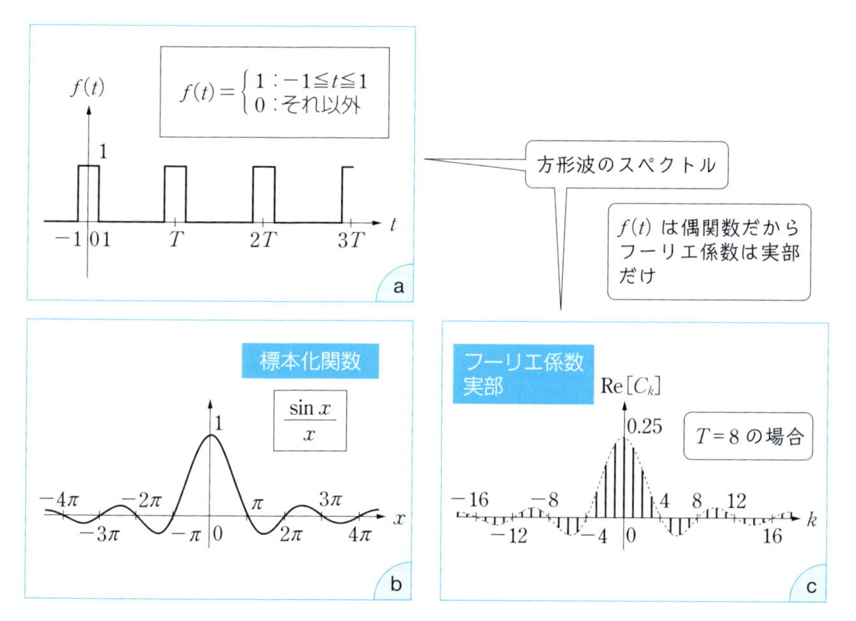

図 5・14　方形波のスペクトル

だったから

$$C_k = \frac{2}{T}\frac{1}{\omega_0 k}\sin\omega_0 k \quad (k = \pm 1,\ \pm 2,\ \cdots)$$

となる．また，$k=0$ のときは

$$C_0 = \frac{1}{T}\int_{-1}^{1} 1 \cdot dt = \frac{2}{T}$$

となる．$f(t)$ は偶関数であるので，複素フーリエ係数 C_k は式からも明らかなように実部だけとなる．位相スペクトルは，C_k の値が正のときは 0 で，負のときは $\pm\pi$ となる．

ところで

$$\frac{\sin x}{x}$$

という関数を考えよう．この関数は**標本化関数**といい，図 5·14 (b) のように描ける．いま $\omega_0 k = x$ とおくと，C_k は

$$C_k = \frac{2}{T}\frac{\sin x}{x}$$

となり，標本化関数と同じような形になることがわかる．

フーリエ係数の実部を図示する．k を横軸として，$\mathrm{Re}\,[C_k]$ を線スペクトルで表す．図 5·14 (c) は，例として $T=8$ としたときのスペクトルである．

5・5 パーシバルの定理

複素フーリエ級数展開では，関数 $f(t)$ が $[-T/2,\ T/2]$ 上で

$$f(t) = \sum_{k=-\infty}^{\infty} C_k e^{j\omega_0 kt} \tag{5・17}$$

と展開できることを学んだ（式 (5·10)）．ところで，フーリエ係数 C_k を用いて $f(t)$ のノルムを表すことができるだろうか．実は，それは結論的にいうと

$$\|f(t)\|^2 = \sum_{k=-\infty}^{\infty} |C_k|^2 \tag{5・18}$$

と表せる．これを**パーシバルの定理**という．左辺は時間領域のエネルギー，右辺は周波数領域のエネルギーを表しているようにみえる．大事な式なので成立する

理由を示しておこう．

まず，式 (5·17) の両辺のそれぞれと $f(t)$ との内積をとってみる．左辺と $f(t)$ との内積が

$$\langle f(t), f(t)\rangle = \| f(t)\|^2$$

となるのは明らかである．つまり，式 (5·18) の左辺は関数 $f(t)$ のノルムの2乗を表している．それでは右辺は何を表しているのだろうか．右辺と $f(t)$ との内積は

$$\begin{aligned}\langle \sum_{k=-\infty}^{\infty} C_k e^{j\omega_0 kt}, f(t)\rangle &= \langle \sum_{k=-\infty}^{\infty} C_k e^{j\omega_0 kt}, \sum_{l=-\infty}^{\infty} C_l e^{j\omega_0 lt}\rangle \\ &= \sum_{k=-\infty}^{\infty} \sum_{l=-\infty}^{\infty} \langle C_k e^{j\omega_0 kt}, C_l e^{j\omega_0 lt}\rangle \\ &= \sum_{k=-\infty}^{\infty} \sum_{l=-\infty}^{\infty} C_k \overline{C_l} \langle e^{j\omega_0 kt}, e^{j\omega_0 lt}\rangle\end{aligned}$$

となる．ここで，正規直交基の性質からクロネッカーのデルタを用いて

$$\langle e^{j\omega_0 kt}, e^{j\omega_0 lt}\rangle = \delta_{kl}$$

であったので，$k=l$ 以外の項はすべて消去される．結局，上式は

$$\begin{aligned}\sum_{k=-\infty}^{\infty} \sum_{l=-\infty}^{\infty} C_k \overline{C_l} \langle e^{j\omega_0 kt}, e^{j\omega_0 lt}\rangle &= \sum_{k=-\infty}^{\infty} C_k \overline{C_k} \\ &= \sum_{k=-\infty}^{\infty} |C_k|^2\end{aligned}$$

となる．したがって式 (5·18) が成立するわけである．

いくぶん式が複雑だったので，とまどったかもしれないが，得られた結果の意味は次のように理解しておこう．$f(t)$ $(-T/2 \leqq t \leqq T/2)$ のノルムは

$$\| f(t)\|^2 = \frac{1}{T}\int_{-T/2}^{T/2} | f(t)|^2 dt$$

と定義できた．たとえば $f(t)$ が 1 Ω の抵抗に流れる電流を表しているとしよう．すると $\| f(t)\|^2$ は，抵抗に供給される単位時間当りの電力を表すことになる．そしてパーシバルの等式によれば，それはパワースペクトルの総和に等しい．つまり，$f(t)$ は各周波数の成分に分解されるが，そのエネルギーは必ずそれら周波数成分の中にすべて含まれており，信号のエネルギーがスペクトルに表

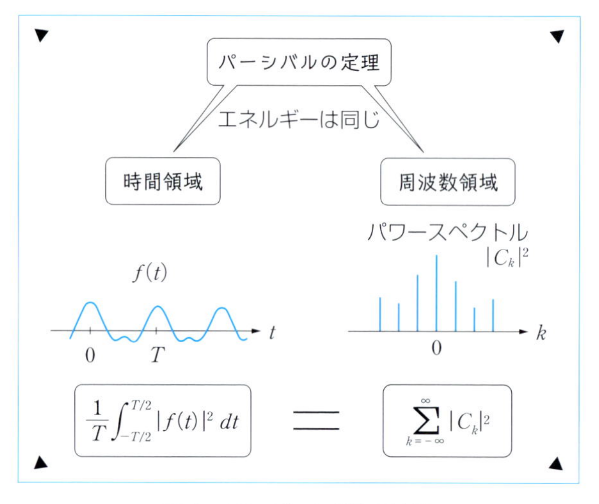

図 5・15　パーシバルの定理

される以外の，どこかわからぬところに消えてしまったりはしないということである（**図 5･15**）.

5・6　フーリエ級数展開の実例

フーリエ級数展開がどのように応用できるかを，実際のデータによって見ていこう．**図 5･16** (a) は，もうおなじみとなった気温のグラフである．このグラフは毎日の平均気温を表しており，1 年間，合計 365 個のデータからできている．このような離散的な信号のフーリエ係数を，コンピュータを利用し，いかにして求めるかは後の章で述べることにして，とにかく計算結果として得られたフーリエ係数を表にしてみると，**表 5･1** のようになる．表には 10 次までの係数しか書かれていないが，実際にはずっと高次の係数まで求められている．さて，このフーリエ係数から，元の信号を再現したらどのようになるだろうか．$f(t)$ を n 次高調波までで近似した関数を $f_n(t)$ と書くことにする．

まず 0 次，つまり定数項 C_0 だけでこの信号を近似してみる．その近似関数 $f_0(t)$ は，複素フーリエ級数展開の基本式 (5･10) から

$$f_0(t)=C_0=15.76$$

であるので，これをグラフにすると図 5･16 (b) のように，t に依存しない 1 本の

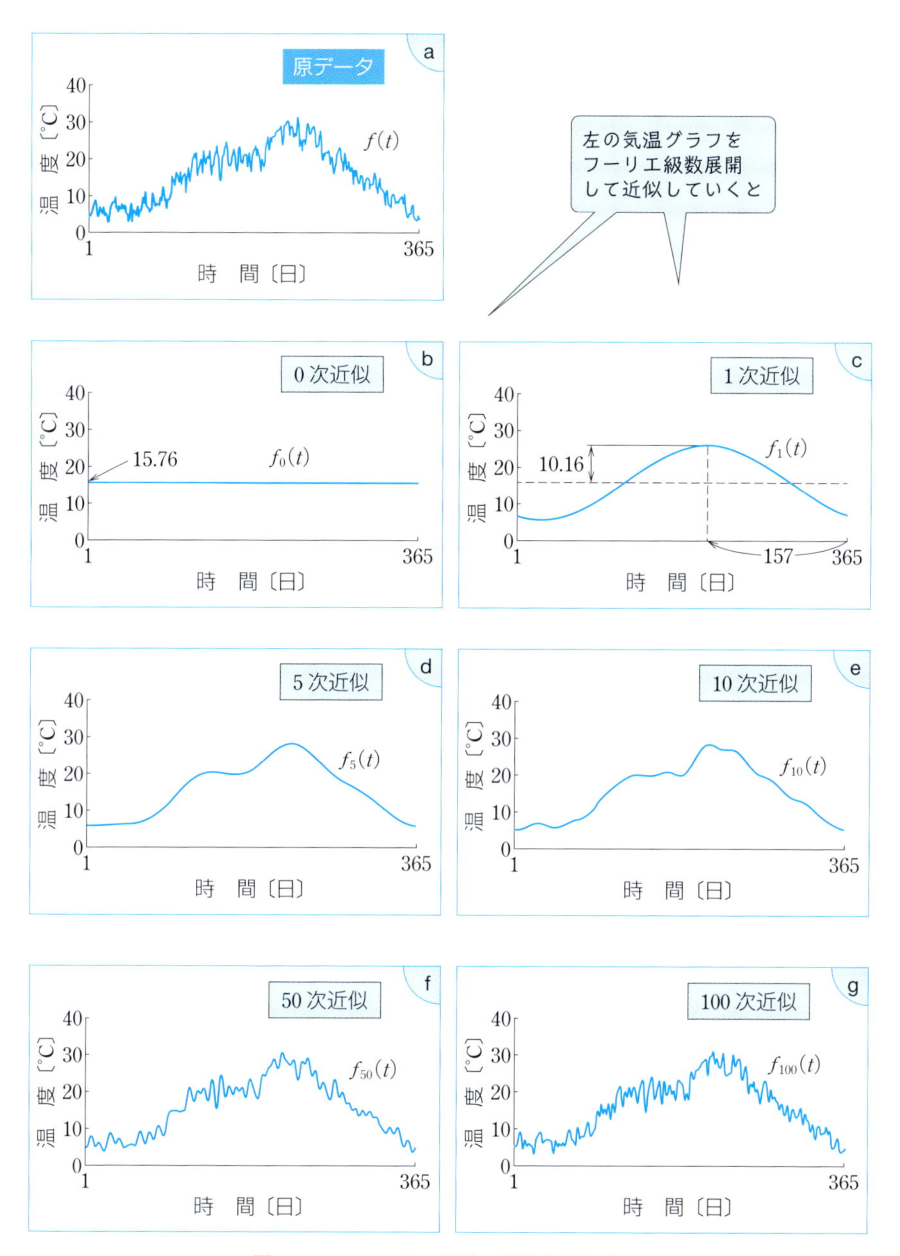

図5・16　フーリエ級数で関数を近似する

表 5・1 フーリエ係数

次数 k	フーリエ係数			
	実部 $\mathrm{Re}[C_k]$	虚部 $\mathrm{Im}[C_k]$	振幅 $\lvert C_k \rvert$	位相 $\angle C_k$〔rad〕
0	15.76	0	15.76	0
1	−4.59	2.18	5.08	2.70
2	−0.60	−0.26	0.65	−2.73
3	0.70	0.22	0.73	0.30
4	−0.54	−0.34	0.64	−2.58
5	0.03	−0.06	0.07	−1.12
6	−0.18	0.01	0.18	3.06
7	0.05	−0.12	0.13	−1.16
8	−0.18	0.01	0.18	3.10
9	0.11	−0.08	0.13	−0.65
10	−0.08	0.25	0.26	1.88

直線となる．C_0 は必ず実数であること，そして，これが信号の直流成分，この例では 1 年間の平均気温を表していることに注意しよう．

次に，これに基本波も加えてみよう．$f_0(t)$ に基本波を加えた近似関数 $f_1(t)$ は

$$f_1(t)=C_{-1}e^{-j\omega_0 t}+C_0+C_1e^{j\omega_0 t} \quad (1 \leqq t \leqq 365)$$

である．ただし ω_0 は基本波の角周波数であり，ここでは基本波の周期 T は 365 日なので

$$\omega_0=\frac{2\pi}{T}=\frac{2\pi}{365}=0.0172 \quad 〔\mathrm{rad/日}〕$$

である．ところで，もともとの関数 $f(t)$ は式 (5·16) で見たように，フーリエ係数の振幅 $|C_k|$ と位相 φ_k を使って

$$f(t)=C_0+2\sum_{k=1}^{\infty}|C_k|\cos(\omega_0 kt+\varphi_k)$$

のようにも書けたから，基本波 $f_1(t)$ は

$$f_1(t)=C_0+2|C_1|\cos(\omega_0 t+\varphi_1)$$

と表せる．したがって，表 5·1 のフーリエ係数の値を代入すると

$$\begin{aligned} f_1(t)&=15.76+2\times 5.08\cos(0.0172t+2.70)\\ &=15.76+10.16\cos\{0.0172(t+157)\} \end{aligned}$$

となる．このことから，$f_1(t)$ は図 (c) のように描けることがわかる．この図を

見ると，大まかながら１年間の気温の変化の波が現れていることがわかる．

波形の大きさの情報は振幅スペクトルにあり，波の時間軸方向の位置の情報は位相スペクトルに含まれている．気温は１年を周期として変化しているので，当然ながらこの周波数の成分 C_1 が大きな値をもっているわけである．基本波の波形が，夏季の山と冬季の谷の部分にうまくフィットしていることに注意しよう．

さて，近似関数にもっと高次の高周波を加えていこう．近似関数

$$f_n(t)=\sum_{k=-n}^{n} C_k e^{j\omega_0 kt} \quad (1 \leqq t \leqq 365)$$

に表 5·1 のフーリエ係数の値を代入して各次数ごとに波形を描いてみる（図 5·16）．すると，次数 n が大きくなるに従って高い周波数成分が加わっていき，近似波形がしだいに元の気温の波形に近づいていくことがわかる．そして $n=100$ ぐらいにすると，もはや元の波形と区別できないぐらいになる．

5・7　フーリエ級数展開の重要な性質

実際のデータを用いた例を見て，フーリエ級数展開についてのイメージがわいてきただろうか．フーリエ級数展開に対する直感をもっと深めるためには，さらにいくつかの重要な性質について触れておこう．

〔1〕　近似の誤差は

気温のデータに対するフーリエ級数の近似では，次数を上げるほど，元のグラフに対する近似は良くなっていった．しかし，近似の良さとは何だろう．また本当に，次数を上げれば必ず近似の誤差は減少するのだろうか．そんな疑問をもつのは自然である．そこで，まず誤差について考えてみよう．

３章の数学の準備体操では，関数空間という，次元が無限大である抽象的な空間を考えると，関数がその空間の１点に対応することを学んだ．そして，二つの関数がどれくらい異なっているかは，それぞれが対応する二つの点の距離によって測ることができたわけである．二つの関数の間の誤差とは，すなわちこの距離のことである，と考えればよい．つまり，元の関数を $f(t)$，これを n 次高調波で近似した関数を $f_n(t)$ としたとき，両者の関数の距離は

$$d(f_n(t), f(t))=\| f(t)-f_n(t) \|$$

であり，これが $f_n(t)$ の $f(t)$ に対する近似誤差である．もし n を増すほど近似

が良くなるとしたら，関数空間で $f_n(t)$ は $f(t)$ にどんどん近づいていき，$d(f_n(t), f(t))$ の値は小さくなっていくはずである．

さて，実際にこれを計算してみよう．上式の右辺の $d(f_n(t), f(t))$ は n に依存する量なので，これを ε_n とおき，2 乗すると

$$\varepsilon_n{}^2 = \| f(t) - f_n(t) \|^2$$

と表せる．ここで $f(t)$ と $f_n(t)$ はそれぞれ

$$f(t) = \sum_{k=-\infty}^{\infty} C_k e^{j\omega_0 kt} \qquad f_n(t) = \sum_{k=-n}^{n} C_k e^{j\omega_0 kt}$$

であったから

$$\varepsilon_n{}^2 = \left\| \sum_{k=-\infty}^{\infty} C_k e^{j\omega_0 kt} - \sum_{k=-n}^{n} C_k e^{j\omega_0 kt} \right\|^2 = \left\| \sum_{\substack{-\infty<k<-n \\ n<k<\infty}} C_k e^{j\omega_0 kt} \right\|^2$$

と $k = \pm n$ の外側の項にのみ依存することがわかる．ここでパーシバルの定理を思い出すと，これは

$$\varepsilon_n{}^2 = \sum_{\substack{-\infty<k<-n \\ n<k<\infty}} |C_k|^2$$

と表せることがわかる．$|C_k|^2 \geqq 0$ だから，この式の右辺は負でない値を次々に加えていく形となっている．そして，近似の次数 n が大きくなるほど，加える

保証済
一般の信号では次数を増やせば2乗誤差は必ず減少

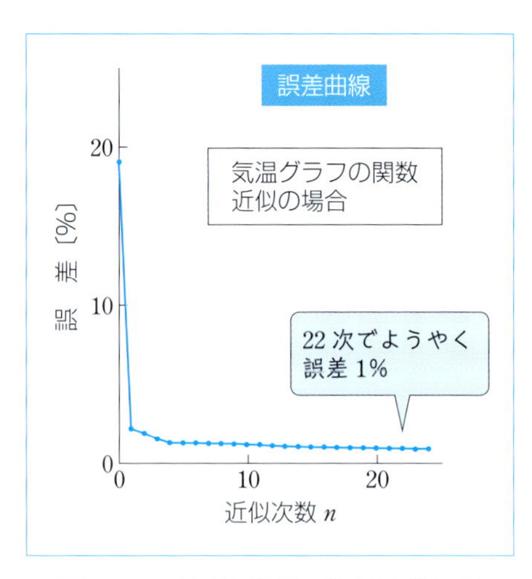

図 5・17 複雑な信号に対する近似誤差

$|C_k|^2$ の数は減っていく．したがって，n の増加に対し，$\varepsilon_n{}^2$ は減少することはあっても，増大することはないのである．実際に先の気温のフーリエ級数展開の近似誤差を n を変数としてグラフにすると，**図 5・17** のようになる．この図では誤差を信号全体のパワーで割って

$$\frac{\varepsilon_n{}^2}{\|f(t)\|^2}$$

と定義し，単位は％で表示している．図から明らかなように，次数の増大に伴って，誤差はしだいに減少する．

元の信号の波形が滑らかならば，近似誤差の減少のスピードも速い．このことを収束性が良いという．収束性が良ければ少数のフーリエ係数で元の信号を再現できるので，データ量の圧縮ができる．つまり，数百点あるいは数千点のデータで表されるような信号が，たかだか数個あるいは数十個のフーリエ係数で十分に近似できてしまうのである．たとえば**図 5・18** のように，滑らかな信号のフーリ

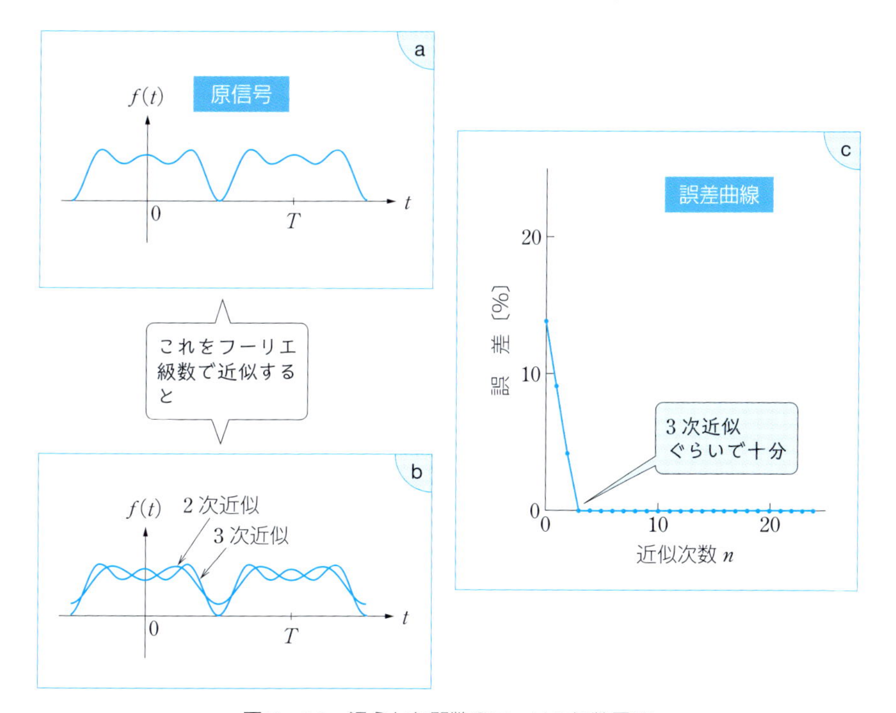

図 5・18 滑らかな関数のフーリエ級数展開

エ級数展開の誤差曲線を先の気温の場合の誤差曲線に重ねると，その様子がわかる．気温の場合は誤差が1%となるためには22次までの係数が必要であったが，この信号の場合はたった3次までの係数ですんでいる．

〔2〕 **不連続点では**

フーリエ級数展開では次数を上げるほど，元の関数に近い近似関係が得られるといっておきながら，ここではそれを否定するかのようなことをいわなくてはならない．それは不連続点付近での振動についてである．**図5·19**は

$$f(t)=\mathrm{sign}\,t=\begin{cases}1 & :t\geqq 0\\ -1 & :t<0\end{cases}$$

という関数の近似結果である．これを見ると，次数を上げると不連続点付近の細かな振動の幅（周期）は小さくなっていくのに，その振れ幅（振幅）は小さくならないことがわかる．これは**ギブス**（Gibbs）**現象**とよばれているもので，行過ぎ量ε_0は次数nをいくら上げてもある値より小さくならないことが知られている．この例の場合は$\varepsilon_0=0.089$である．

先に定義した関数間の距離（これは一種の2乗誤差）を物差しにすると，不連続点をもつ関数であっても，次数の増大につれ，その誤差は確かに0に収束する．

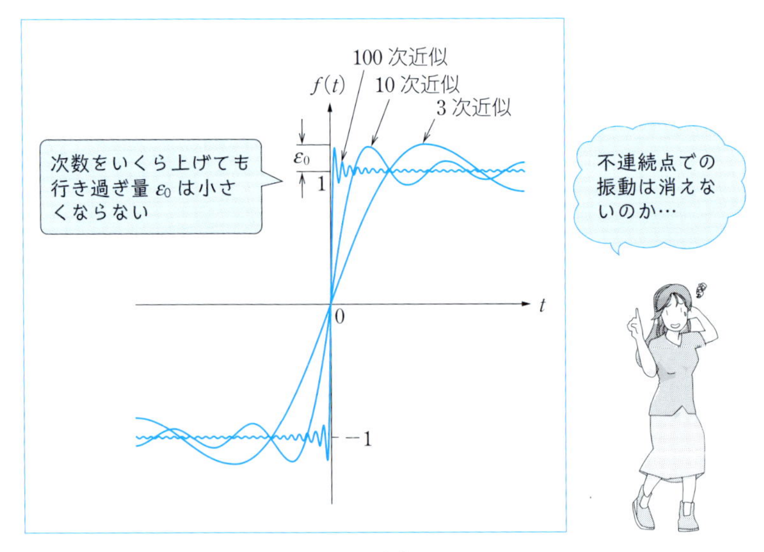

図5・19　ギブス現象とは

しかし，$f_n(t)$ と $f(t)$ の最大の誤差を測るという物差しをもってくると，残念ながら誤差は必ずしも 0 に収束しない，というのがこの現象のもつ意味である．

〔3〕 信号の大きさが変わると

信号の大きさが変わると，スペクトルはどのように変化するだろうか．**図 5・20** では信号の振幅が小さくなると，振幅スペクトルも小さくなっている．

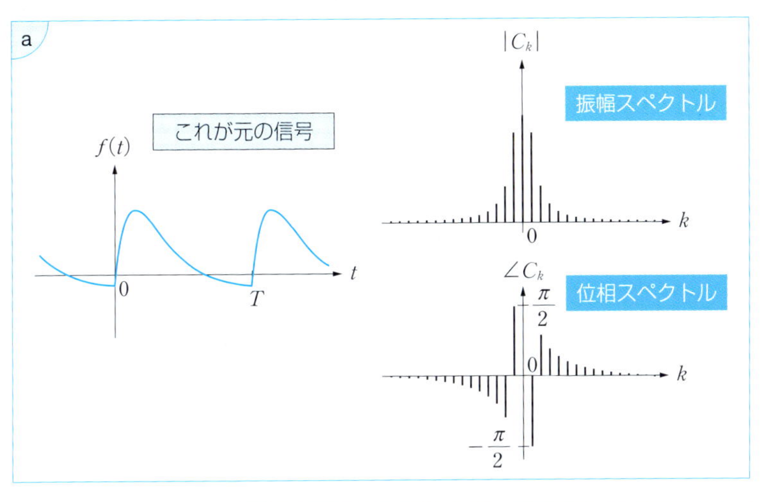

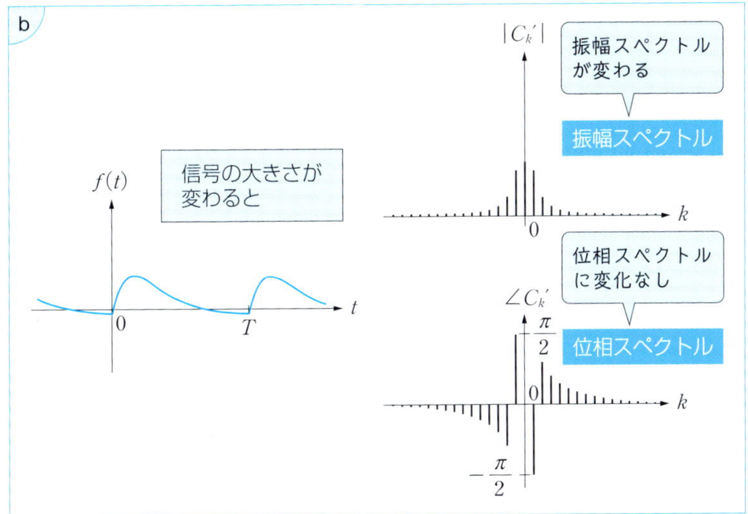

図 5・20　信号の大きさとスペクトルの関係

aをある実数の定数，また$f(t)$のフーリエ係数をC_kとする．すると，$f(t)$をa倍した信号のフーリエ係数C_k'は

$$C_k' = aC_k \tag{5・19}$$

と書ける．なぜならば

$$\begin{aligned} C_k' &= \frac{1}{T}\int_{-T/2}^{T/2} af(t)e^{-j\omega_0 kt}dt \\ &= a\frac{1}{T}\int_{-T/2}^{T/2} f(t)e^{-j\omega_0 kt}dt \\ &= aC_k \quad (k=0,\ \pm 1,\ \pm 2,\ \cdots) \end{aligned}$$

となるからである．この結果から，信号の大きさがa倍されるとフーリエ係数もa倍されることがわかる．したがって，振幅スペクトルは変化するが，位相スペクトルは変化しない．

〔4〕 二つの信号を加えると

二つの異なった信号を加えたとき，そのスペクトルはどうなるだろうか．いま，信号$f_1(t)$のフーリエ係数をC_{1k}，信号$f_2(t)$のフーリエ係数をC_{2k}とする．$f_1(t)$と$f_2(t)$を加えた信号のフーリエ係数をC_k'とすると，これは

$$C_k' = C_{1k} + C_{2k} \tag{5・20}$$

となる．つまり二つの関数を加えると，そのフーリエ係数はそれぞれの関数のフーリエ係数の和となる．なぜならば

$$\begin{aligned} C_k' &= \frac{1}{T}\int_{-T/2}^{T/2} \{f_1(t)+f_2(t)\}e^{-j\omega_0 kt}dt \\ &= \frac{1}{T}\int_{-T/2}^{T/2} f_1(t)e^{-j\omega_0 kt}dt + \frac{1}{T}\int_{-T/2}^{T/2} f_2(t)e^{-j\omega_0 kt}dt \\ &= C_{1k} + C_{2k} \end{aligned}$$

だからである．

先の定数倍の式と，この関係を一緒にしてフーリエ係数展開の線形性の式を

$$a_1 f_1(t) + a_2 f_2(t) \xrightarrow{\text{フーリエ級数展開}} a_1 C_{1k} + a_2 C_{2k}$$

のように表しておく．

〔5〕 信号を移動すると

信号を観測するとき，測定を始める時刻が変わったらフーリエ係数はどうなる

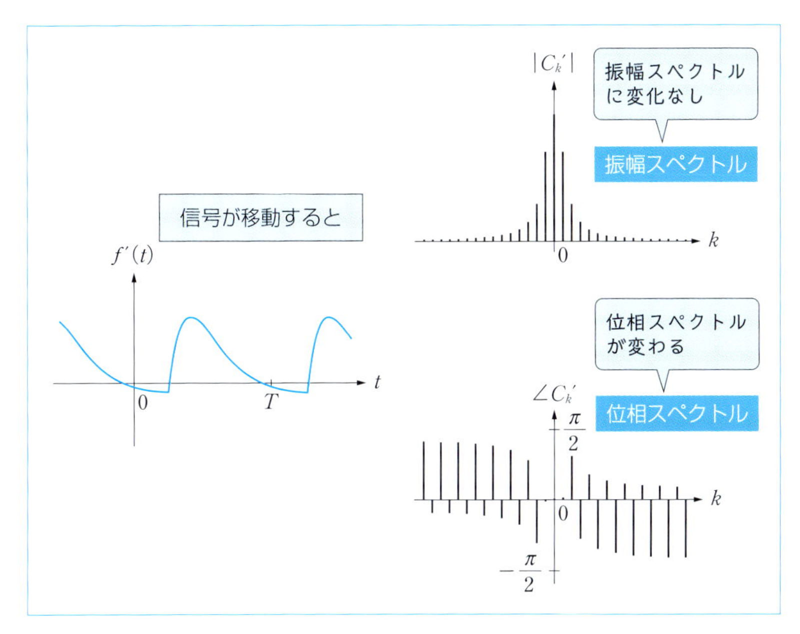

図 5・21　信号の移動とスペクトルの関係

だろうか．測定の開始点が変わるということは，信号が時間軸方向に移動することと同じである．$f(t)$ を τ だけ右に移動した関数 $f(t-\tau)$ のフーリエ係数は

$$C_k' = e^{-j\omega_0 k\tau} C_k \qquad (5 \cdot 21)$$

と表せる（**図 5・21**）．すなわち

$$f(t-\tau) \xrightarrow{\text{フーリエ級数展開}} e^{-j\omega_0 k\tau} C_k$$

のように，振幅は変わらず，位相のみが変化する．

これは，以下のようにして証明できる．$f(t-\tau)$ のフーリエ係数は

$$C_k' = \frac{1}{T}\int_{-T/2}^{T/2} f(t-\tau) e^{-j\omega_0 kt} dt$$

であるが，ここで $t-\tau=u$ とおくと

$$dt = du, \quad -\frac{T}{2}-\tau \leqq u \leqq \frac{T}{2}-\tau$$

だから

$$C_k' = \frac{1}{T}\int_{-(T/2)-\tau}^{(T/2)-\tau} f(u)e^{-j\omega_0 k(u+\tau)}du$$
$$= e^{-j\omega_0 k\tau}\frac{1}{T}\int_{-(T/2)-\tau}^{(T/2)-\tau} f(u)e^{-j\omega_0 ku}du$$
$$= e^{-j\omega_0 k\tau}C_k$$

となり，すなわち式 (5·21) が成立する．これからも明らかなように

$$|C_k'| = |e^{-j\omega_0 k\tau}C_k| = |C_k|$$

だから，時間軸方向に信号が移動しても振幅スペクトルに変化はなく，位相スペクトルだけが変化する．

本章のまとめ

1 どんな信号波形でも，それはいろいろな周波数成分（整数倍）の正弦波に分解できる．その成分を周波数の領域で表現したのがスペクトルである．スペクトルから逆に元の信号を時間領域で合成することもできる．

2 フーリエ級数展開は周期関数をさまざまな周波数の正弦波の成分に分解するものである．周期信号 $f(t)$ の周期が T，基本角周波数が ω_0 ($\omega_0 = 2\pi/T$) であるとき，$f(t)$ はフーリエ級数によって

$$f(t) = \frac{a_0}{2} + \sum_{k=1}^{\infty}(a_k \cos\omega_0 kt + b_k \sin\omega_0 kt)$$

と展開される．ただし，a_k，b_k は以下で定義される $f(t)$ の実フーリエ係数である．

$$a_k = \frac{2}{T}\int_{-T/2}^{T/2} f(t)\cos\omega_0 kt\, dt \quad (k = 0, 1, 2, \cdots)$$
$$b_k = \frac{2}{T}\int_{-T/2}^{T/2} f(t)\sin\omega_0 kt\, dt \quad (k = 1, 2, \cdots)$$

$f(t)$ が偶関数のときは $b_k = 0$，奇関数のときは $a_k = 0$ である．

3 複素フーリエ級数展開は，実フーリエ級数展開より表現が一般的で演算が容易である．基本角周波数が ω_0 の周期関数 $f(t)$ の複素フーリエ級数展開は

$$f(t) = \sum_{k=-\infty}^{\infty} C_k e^{j\omega_0 kt}$$

である．ただし，C_k は $f(t)$ の複素フーリエ係数であり

$$C_k = \frac{1}{T}\int_{-T/2}^{T/2} f(t)e^{-j\omega_0 kt}dt \quad (k=0,\ 1,\ 2\cdots)$$

である．$f(t)$ が偶関数のときは C_k の虚部は 0，奇関数のときは実部が 0 となる．

4　$|C_k|$ を振幅スペクトル，$\angle C_k$ を位相スペクトル，$|C_k|^2$ をパワースペクトルという．振幅スペクトルはその周波数成分が信号にどれくらい含まれているかを表す．

5　信号とスペクトルには線形な関係がある．信号が変数方向に移動すると位相スペクトルは変化するが，振幅スペクトルやパワースペクトルは変化しない．

6　信号の時間領域のパワーと周波数領域のパワーは等しい．つまり

$$\frac{1}{T}\int_{-T/2}^{T/2} |f(t)|^2 dt = \sum_{k=-\infty}^{\infty} |C_k|^2$$

である．これをパーシバルの定理という．

7　フーリエ級数の次数を上げると，信号に対する近似の誤差は減少し，次第に実際の測定値に近づいていく．

演習問題

1　$z_1 = \alpha_1 + j\beta_1$，$z_2 = \alpha_2 + j\beta_2$ であるとき，以下を証明しなさい．

$$|z_1 \cdot z_2| = |z_1| \cdot |z_2|$$

$$\angle(z_1 \cdot z_2) = \angle z_1 + z_2$$

2　$f(t) = |t|$ を区間 $[-\pi, \pi]$ で複素フーリエ級数に展開し，結果を p. 70 の例題と比較しなさい．

3　$f(t) = |\cos t|$ を複素フーリエ級数で展開しなさい

6章

フーリエ変換

6・1　フーリエ級数展開からフーリエ変換へ

周期信号をさまざまな周波数の正弦波の成分に分解し，その性質を解析する方法として，フーリエ級数展開を学んできた．対象とする信号が周期信号とわかっていればフーリエ級数展開が利用できるが，非周期的な信号や孤立波に対して

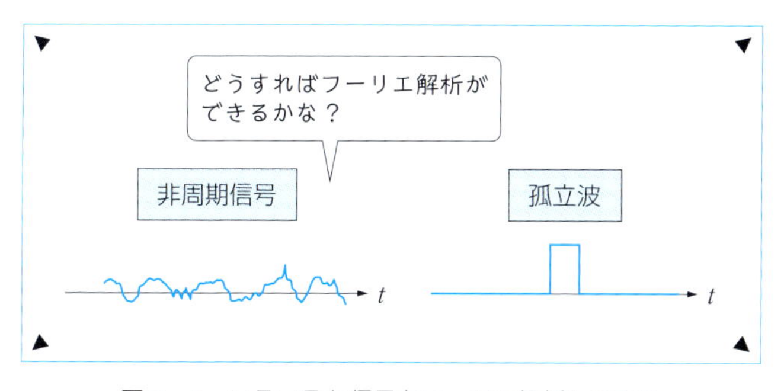

図6・1　いろいろな信号をフーリエ解析してみる

は，いったいどのような方法でスペクトル解析ができるのだろうか．対象とする信号は周期信号ではないのだから，有限な区間でフーリエ級数展開することは実用的にはともかく，理論的には誤りである．そこで本章ではフーリエ級数展開の概念を推し進め，非周期信号や孤立波などをも含める，より一般的なフーリエ解析の理論について考えていくことにしよう．

さて，非周期的な信号や孤立波は，いままで対象としてきた周期信号とはもちろん異なるが，考えようによっては一種の周期信号ともいえる．周期的でない信号を周期信号と見る，などというとまるで禅問答のようであるが，それはこういう意味である．すなわち，周期信号をある有限の長さの周期をもつ繰返し信号であるとみなすとき，周期的でない信号とは，繰返しはしないが無限の長さの周期をもつ周期信号と考えよう，ということである．周期を無限大としてしまえば，周期性があろうとなかろうと，すべての信号を周期信号の仲間に入れることができるというわけである．この説明だけではまだわかりづらいと思うので，次に実例をあげてみよう．

図 6·2 (b) には，周期 $T=4$ で繰り返す周期的な方形波信号の線スペクトルが描かれている．この信号の方形パルスの波形はそのままにして，周期を伸ばしていったら，この線スペクトルはどのようになるのだろうか．それが図 6·2 (d) である．これを見ると，線スペクトルを滑らかに結んだ線（包絡線）の形に変化がないことがわかるだろう．ただし，信号の基本周期が変化してもスペクトルの形が比較できるよう，ここでは横軸を k ではなく，$2\pi k/T$ としていることに注意してほしい．

さて，さらに周期を伸ばしてみよう（図 6·2 (f)）．すると，線スペクトルの密度は増していくが，やはりスペクトルの包絡線に変化はない．ということは，どうやら周期 T をどんどん伸ばし，$T\to\infty$ としたときのスペクトルがこの信号，つまり方形パルスのスペクトルである，といえそうである（図 6·2 (h)）．そして注意したいのは，このとき線スペクトルの密度が無限大になるということ，すなわち，それまでとびとびの値で表されたスペクトルが，すきまのない連続的なスペクトルになるということである．

もう少し詳しく見てみよう．フーリエ級数展開で周期を無限に長くするとはどういうことだろうか．まず式 (5·10) (p. 82) で定義したフーリエ級数展開の式

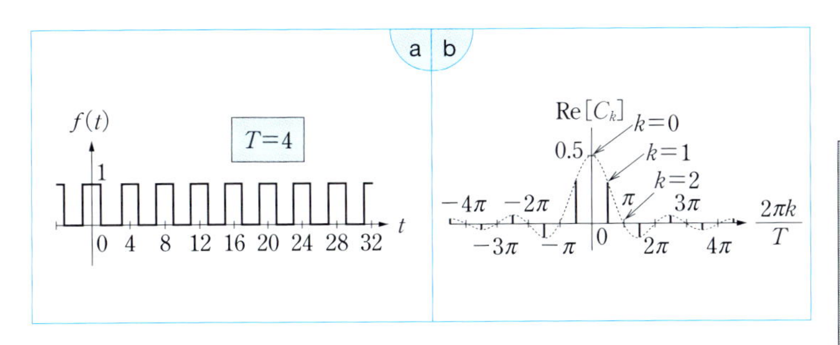

周期 T を大きくしても

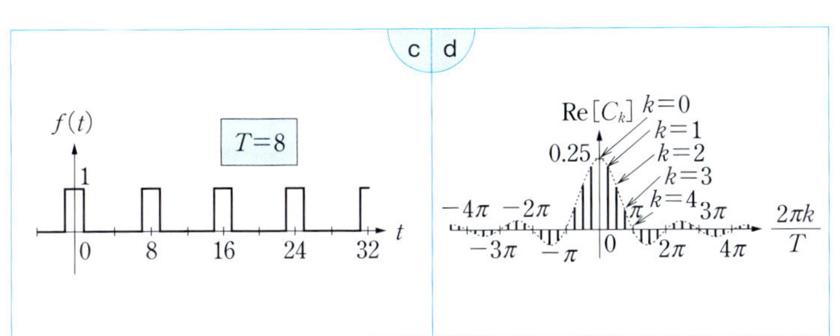

線スペクトルの概略は変わらない

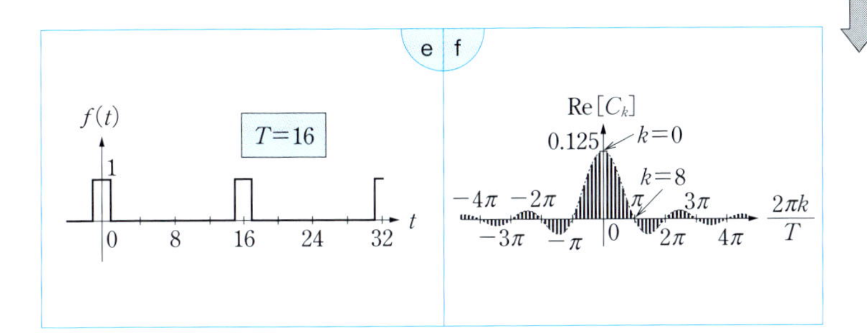

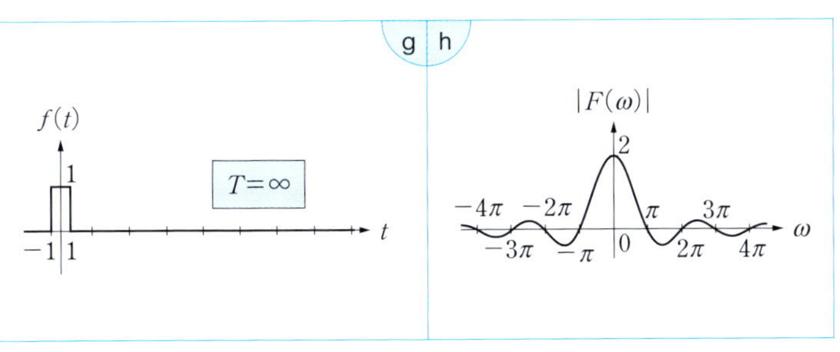

$T=\infty$ にするとついには連続スペクトルが

なるほど！周期が長くなると，スペクトルの密度が高くなるんだ

図 6・2 方形波のスペクトル

から出発すると，$f(t)$ は次のように表すことになる．

$$f(t)=\sum_{k=-\infty}^{\infty}\left(\frac{1}{T}\int_{-T/2}^{T/2}f(\alpha)e^{-j\omega_0 k\alpha}d\alpha\right)e^{j\omega_0 kt} \quad (\omega_0=2\pi/T) \qquad (6\cdot1)$$

ここで，$\omega_k\equiv\omega_0 k$ $(=2\pi k/T)$ とおいてみよう．すると，k の微小変化に対する ω の変化量は

$$\Delta\omega=\omega_{k+1}-\omega_k=\frac{2\pi(k+1)}{T}-\frac{2\pi k}{T}=\frac{2\pi}{T} \qquad (6\cdot2)$$

のように表せる．つまり $T=2\pi/\Delta\omega$ である．これを $f(t)$ の式（6·1）に代入すると

$$f(t)=\sum_{k=-\infty}^{\infty}\left(\frac{\Delta\omega}{2\pi}\int_{-\pi/\Delta\omega}^{\pi/\Delta\omega}f(\alpha)e^{-j\omega_k\alpha}d\alpha\right)e^{j\omega_k t}$$

$$=\frac{1}{2\pi}\sum_{k=-\infty}^{\infty}\left(\int_{-\pi/\Delta\omega}^{\pi/\Delta\omega}f(\alpha)e^{-j\omega_k\alpha}d\alpha\right)e^{j\omega_k t}\Delta\omega$$

を得る．さて，周期を伸ばし $T\to\infty$ とすることは式（6·2）から周波数の変化量を $\Delta\omega\to0$ とすることでもある．そしてこれは，ω_k を離散的ではなく，連続的な値とみなすことを意味する．この式で $\Delta\omega\to0$ とすると，総和の式は積分で表せるので，結局

$$f(t)=\lim_{\Delta\omega\to0}\left\{\frac{1}{2\pi}\sum_{k=-\infty}^{\infty}\left(\int_{-\pi/\Delta\omega}^{\pi/\Delta\omega}f(\alpha)e^{-j\omega_k\alpha}d\alpha\right)e^{j\omega_k t}\Delta\omega\right\}$$

$$=\frac{1}{2\pi}\int_{-\infty}^{\infty}\left(\int_{-\infty}^{\infty}f(\alpha)e^{-j\omega\alpha}d\alpha\right)e^{j\omega t}d\omega$$

を得る．ここで

$$F(\omega)=\int_{-\infty}^{\infty}f(t)e^{-j\omega t}dt \qquad (6\cdot3)$$

と書くと $F(\omega)$ は，明らかに時間領域で表される信号 $f(t)$ を周波数領域において角周波数 ω を変数として表す関数であることがわかる．そして，逆にこれを時間領域で表現すると

$$f(t)=\frac{1}{2\pi}\int_{-\infty}^{\infty}F(\omega)e^{j\omega t}d\omega \qquad (6\cdot4)$$

となるのである．

$F(\omega)$ はフーリエ級数展開における複素フーリエ係数に相当するものであり，

一般には複素数値をもつ関数である．$F(\omega)$ を $f(t)$ の**フーリエ積分**あるいは**フーリエ変換**（Fourier transform）という．また $F(\omega)$ から $f(t)$ を得ることを**フーリエ逆変換**（inverse Fourier transform）という．フーリエ級数展開の線スペクトルに対し，フーリエ変換では角周波数 ω に対して連続的なスペクトルを描く．フーリエ変換，逆変換は，記号を用いてしばしば

$$F(\omega)=\mathcal{F}\{f(t)\}$$

$$f(t)=\mathcal{F}^{-1}\{F(\omega)\}$$

のように表す．

6・2　フーリエ変換の性質

フーリエ級数展開で調べたいろいろな性質と同様な性質をフーリエ変換についても調べておこう．

〔1〕　**線形性**

$f_1(t), f_2(t)$ のフーリエ変換を

$$F_1(\omega)=\mathcal{F}\{f_1(t)\} \qquad F_2(\omega)=\mathcal{F}\{f_2(t)\}$$

と書き，a_1, a_2 をある定数としたとき，次の関係が成立する．

$$\mathcal{F}\{a_1f_1(t)+a_2f_2(t)\}=a_1F_1(\omega)+a_2F_2(\omega) \tag{6・5}$$

つまり，各信号 $a_1f_1(t), a_2f_2(t), \cdots$ を加えた信号のフーリエスペクトルは，それらのスペクトルの $a_1F_1(\omega)+a_2F_2(\omega)+\cdots$ となる．なぜならば

$$\begin{aligned}\mathcal{F}\{a_1f_1(t)+a_2f_2(t)\}&=\int_{-\infty}^{\infty}\{a_1f_1(t)+a_2f_2(t)\}e^{-j\omega t}dt\\&=a_1\int_{-\infty}^{\infty}f_1(t)e^{-j\omega t}dt+a_2\int_{-\infty}^{\infty}f_2(t)e^{-j\omega t}dt\\&=a_1F_1(\omega)+a_2F_2(\omega)\end{aligned}$$

だからである．

〔2〕　**波形の移動**

$$F(\omega)=\mathcal{F}\{f(t)\}$$

のとき，$f(t)$ を τ だけ右に移動した関数 $f(t-\tau)$ のフーリエスペクトルは

$$\mathcal{F}\{f(t-\tau)\}=e^{-j\omega t}F(\omega) \tag{6・6}$$

と表される．すなわち，波形が移動しても

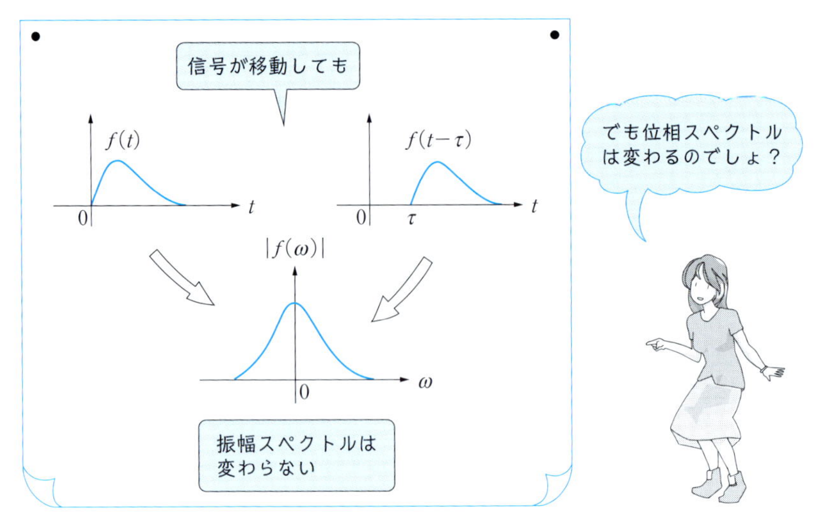

図 6・3 波形が移動するとどうなるか

$$|e^{-j\omega t}F(\omega)|=|F(\omega)|$$

なので，振幅スペクトルに変化はなく，位相スペクトルだけに波形の移動の影響が現れる（**図 6･3**）．信号が移動したとしても，信号に含まれる周波数成分の大きさは変化しないので，この結果は当然であろう．

式 (6･6) は次のようにして証明される．

$$\begin{aligned}\mathcal{F}\{f(t-\tau)\}&=\int_{-\infty}^{\infty}f(t-\tau)e^{-j\omega t}dt\\&=\int_{-\infty}^{\infty}f(u)e^{-j\omega(u+\tau)}du\\&=e^{-j\omega\tau}\int_{-\infty}^{\infty}f(u)e^{-j\omega u}du\\&=e^{-j\omega\tau}F(\omega)\end{aligned}$$

〔3〕 相　似

波形は同じようだが，時間軸に伸び縮みがある場合のフーリエスペクトルを求めてみよう．**図 6･4** のように，$f(t)$ の時間軸を実定数 a によって変換した信号 $f(at)$ のフーリエスペクトルは

$$\mathcal{F}\{f(at)\}=\frac{1}{|a|}F\left(\frac{\omega}{a}\right) \qquad (6\cdot7)$$

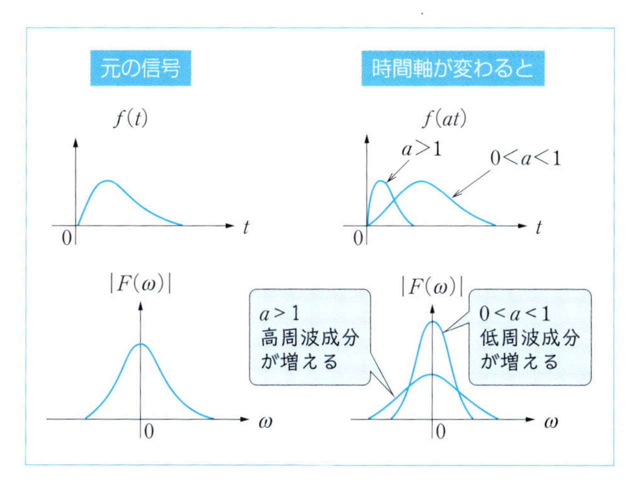

図6・4 時間軸に伸び縮みがあるとどうなるか

と表される．$|a|<1$ のとき，$f(t)$ は時間軸方向に a 倍拡大されるため，信号成分は周波数の低いほうに集まる．したがって，スペクトルは周波数軸方向に縮小する．このとき同時にスペクトルは縦方向に対して $1/|a|$ だけ拡大する．一方，$|a|>1$ のときは，これとは反対に信号の周波数は高くなるため，スペクトルは横方向に広がる．そして縦方向には縮小する．以上のようなことが，この相似の式から読み取れる．

式 (6·7) は次のようにして導かれる．まず $f(at)$ のフーリエ変換は

$$\mathcal{F}\{f(at)\}=\int_{-\infty}^{\infty} f(at)e^{-j\omega t}dt$$

と表される．ここで $at=u$ とおくと，$dt=1/a\,du$ であり，$a>0$ とすると

$$\mathcal{F}\{f(at)\}=\frac{1}{a}\int_{-\infty}^{\infty} f(u)e^{-j(\omega/a)u}du$$

$$=\frac{1}{a}F\left(\frac{\omega}{a}\right)$$

となる．また，$a<0$ とすると

$$\mathcal{F}\{f(at)\}=\frac{1}{a}\int_{\infty}^{-\infty} f(u)e^{-j(\omega/a)u}du$$

$$=-\frac{1}{a}F\left(\frac{\omega}{a}\right)$$

である．以上二つの式をまとめると式(6·7)のように表せる．

〔4〕 パーシバルの定理

フーリエ級数展開で現れたパーシバルの定理は，フーリエ変換においても成り立つ．つまり，時間領域でのエネルギーは周波数領域のエネルギーと等しく，これは以下の式のように表される．

$$\int_{-\infty}^{\infty}|f(t)|^2 dt=\frac{1}{2\pi}\int_{-\infty}^{\infty}|F(\omega)|^2 d\omega \qquad (6\cdot 8)$$

6・3　デルタ関数と白色雑音

物理的には存在しないが，定義しておくとたいへん便利な関数がある．それがデルタ関数である．さまざまな定義があるが，次の定義がわかりやすい．

いま，幅がε，高さが$1/\varepsilon$の方形波があるとする（**図6·5**）．その面積は1であるが，ここで$\varepsilon\to 0$とすると面積は変わらず，高さが∞の方形波となる．これを関数として$\delta(t)$と書くと，$\delta(t)$は明らかに

$$\delta(t)=\begin{cases}\infty : t=0\\ 0 : t\neq 0\end{cases}$$

$$\int_{-\infty}^{\infty}\delta(t)\,dt=1$$

と表せる．つまり，$t=0$で無限大の値をもつが，その面積が1であるようなパルス，これが**デルタ関数**あるいは**単位インパルス**とよばれるものである．デルタ

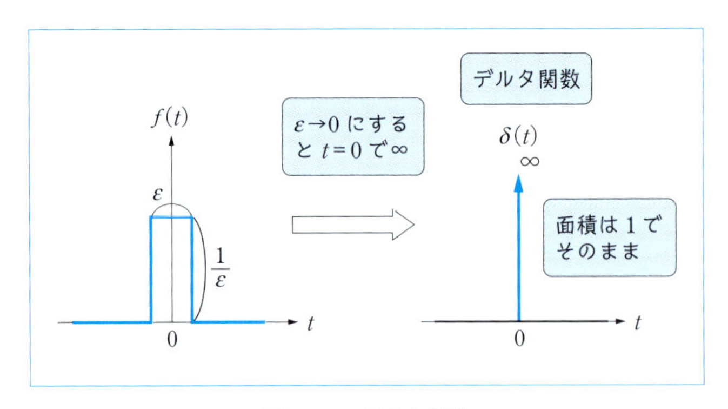

図6・5　デルタ関数

関数は物理的には実現不可能であるが，実用的には短時間で強度の高いパルスでこれを代用する．

さて，時間軸上で t_0 だけ右に移動したデルタ関数 $\delta(t-t_0)$ に連続的な関数 $f(t)$ を掛け，$[-\infty, \infty]$ の区間で積分した式

$$\int_{-\infty}^{\infty}\delta(t-t_0)f(t)dt$$

を考えてみよう．$\delta(t-t_0)$ は $t=t_0$ 以外では 0 だから，$\delta(t-t_0)f(t)$ も $t=t_0$ 以外で 0 となる．したがって

$$\begin{aligned}\int_{-\infty}^{\infty}\delta(t-t_0)f(t)dt &= \int_{-\infty}^{\infty}\delta(t-t_0)f(t_0)dt \\ &= f(t_0)\int_{-\infty}^{\infty}\delta(t-t_0)dt \\ &= f(t_0) \qquad (6\cdot9)\end{aligned}$$

という関係が導かれる（**図6･6**）．この式からわかるように，t_0 だけ時間がシフトしたデルタ関数と $f(t)$ を掛け合わせ，積分すると，t_0 における $f(t)$ の値が残る．つまりこの操作は信号 $f(t)$ を $t=t_0$ においてサンプリングしたことに等しい．

さて，ここで $f(t)$ として $e^{-j\omega t}$ という関数を選んでみよう．そして式(6･9)で $t_0=0$ としてみよう．すなわち

$$\int_{-\infty}^{\infty}\delta(t)e^{-j\omega t}dt$$

とすると，これは明らかにデルタ関数のフーリエ変換を求める式になる．そして，

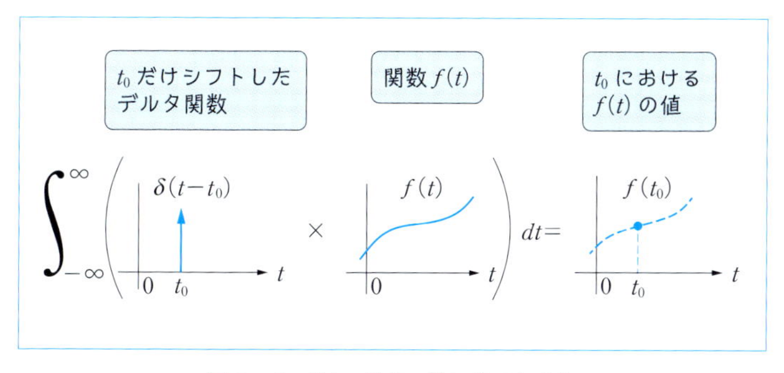

図6・6　サンプリングを式で表すと

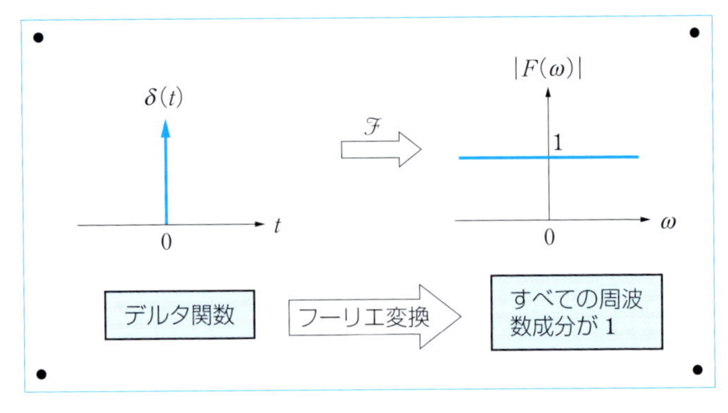

図 6・7 デルタ関数のスペクトル

この式の結果は，式（6·9）から $f(0)$，すなわち $e^0=1$ であるので

$$\mathcal{F}\{\delta(t)\}=1 \tag{6・10}$$

が得られる．つまり，この結果から，デルタ関数の振幅スペクトルは角周波数 ω に関係なく一定，つまりすべての周波数成分を均一に含むことがわかる（**図 6·7**）．位相スペクトルはあらゆる周波数で 0 であることに注意しよう．

デルタ関数を t 軸方向に τ だけ移動すると，波形の移動の性質から

$$\mathcal{F}\{\delta(t-\tau)\}=e^{-j\omega\tau}$$

だから，位相スペクトルは変化しても振幅スペクトルはやはり全周波数領域にわたって 1 である．

ところで，**図 6·8** の波形も，デルタ関数と同じように全周波数領域にわたって均一の振幅スペクトルをもっているといったら不思議に思われるかもしれない（もっとも，無限大の周波数を含む波形を描くことは実際には不可能なので，正確には，この図の波形はある有限な周波数領域で均一なスペクトルをもつ信号といわなくてはならないが）．実は，この信号の振幅スペクトルは確かに均一ではあるが，位相スペクトルは全くでたらめである．デルタ関数の位相スペクトルは全周波数にわたって 0 であったが，それが乱れるとこのように時間領域では全く異なる波形となってしまう．このでたらめな信号は，白色光が位相の乱れたさまざまな色の配合によってできていることにちなんで，**白色雑音**（ホワイトノイズ）とよばれている．

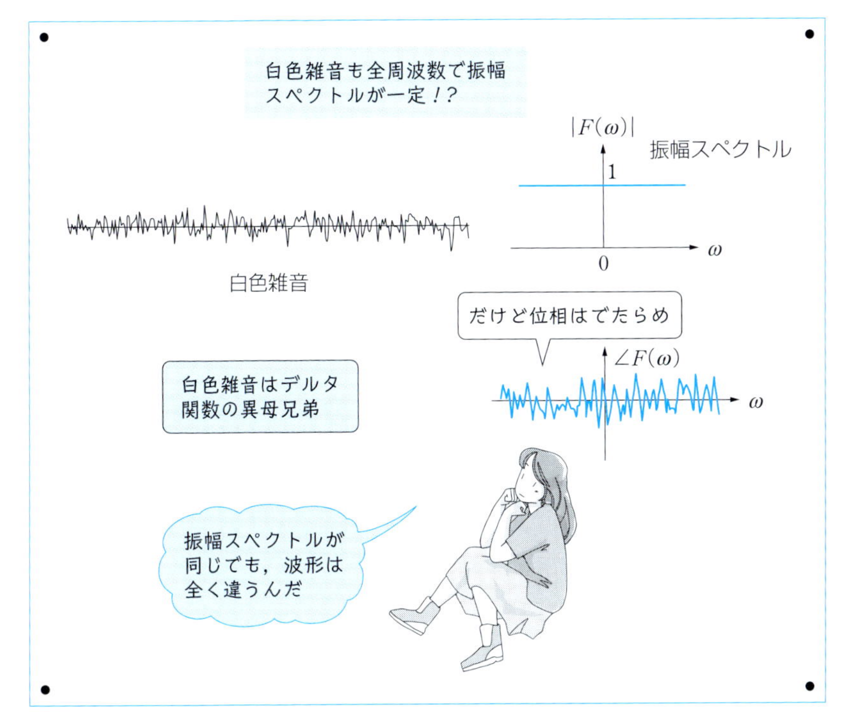

図 6・8　白色雑音のスペクトル

似て非なる信号，それがデルタ関数と白色雑音である．これらはともに信号解析において重要な働きをすることになる．

本章のまとめ

1　フーリエ変換は非周期的な信号や孤立波など，一般的な信号に対するスペクトル解析の方法であり，以下のように定義される．

$$F(\omega)=\int_{-\infty}^{\infty}f(t)e^{-j\omega t}dt$$

$$f(t)=\frac{1}{2\pi}\int_{-\infty}^{\infty}F(\omega)e^{j\omega t}d\omega$$

フーリエ変換 $F(\omega)$ は周期信号のフーリエ級数展開における複素フーリエ係数 C_k に対応する．C_k は $k=0, \pm1, \pm2, \cdots$ において線スペクトルをもつが，$F(\omega)$ は ω について連続なスペクトルとなる．

2 信号の時間領域のエネルギーと周波数領域のエネルギーとは等しい．つまり，フーリエ変換においてもパーシバルの定理

$$\int_{-\infty}^{\infty}|f(t)|^2dt=\frac{1}{2\pi}\int_{-\infty}^{\infty}|F(\omega)|^2d\omega$$

が成立する．

3 デルタ関数も白色雑音もともに，すべての周波数成分を一様に含んでいる．しかし，位相は全く異なる．デルタ関数の位相スペクトルは全周波数で0であるが，白色雑音はランダムである．

4 アナログ信号 $f(t)$ を $t=t_0$ でサンプリングし，$f(t_0)$ を得ることをデルタ関数 $\delta(t)$ を用いて

$$\int_{-\infty}^{\infty}\delta(t-t_0)f(t)dt=f(t_0)$$

と表現できる．

演習問題

1 $\cos\omega_0 t$ のスペクトルを図示しなさい．また，$\cos\{\omega_0(t-\tau)\}$ のフーリエ変換はどう表されるか．

2 $f(t)$ のフーリエ変換を $F(\omega)$ するとき，$f(t)$ の微分のフーリエ変換が $j\omega F(\omega)$ となることを示しなさい．

3 実関数 $f(t)$ が偶関数 $g(t)$ と奇関数 $h(t)$ の和で

$$f(t)=g(t)+h(t)$$

と表されるとき，$g(t)$ と $h(t)$ は $f(t)$ によってそれぞれどう表されるか．また，$g(t)$ と $h(t)$ のフーリエ変換をそれぞれ $G(\omega)$，$H(\omega)$ とするとき，$f(t)$ のフーリエ変換 $F(\omega)$ の実部，虚部と $G(\omega)$ および $H(\omega)$ の関係はどう表せるか．

7章

DFT と FFT

7・1　ディジタル信号のフーリエ解析

信号をフーリエ変換し，スペクトルによってこれを眺めると，それまでは気づかなかった信号のさまざまな特徴が浮彫りになる．さて，それでは実際には，どのように信号のフーリエ変換は実行されるのだろうか．その最も手軽な方法は，スペクトラムアナライザという測定器を使うことである．スペクトラムアナライザは多数のフィルタによって構成されている．ある特定の周波数の信号だけを通過させる帯域通過フィルタ（band pass filter）の出力を見ると，信号がその周波数成分をどのくらい含んでいるかがわかる．したがって，いろいろな周波数の帯域通過フィルタを並べておけば，信号全体のスペクトルがわかるのである（**図 7·1**）．

近年，コンピュータの処理速度が極めて高速化してきたことから，アナログ信号をまず A-D 変換し，ディジタル化された信号を数値計算してフーリエ変換する方法が一般的になってきた．電子回路によってハードウェア的にスペクトルを求めるアナログ方式に比べてディジタル信号処理は演算精度に勝り，なおかつ融

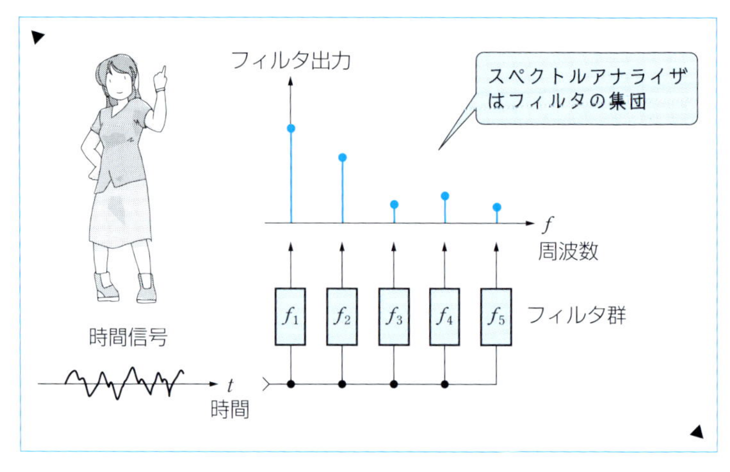

図 7・1 スペクトルアナライザの原理

通性のある信号処理ができる．さらに装置を小型化できるという大きなメリットもある．つまり信号が数値データとしていったんコンピュータに入力されれば，プログラムを変えることによって信号を平滑化したり，周波数スペクトルを見たり，あるいは自己相関関数を求めたり，ディジタル信号処理の技術によって実にいろいろなバリエーションをもった信号処理ができるようになる．現在は信号処理のアルゴリズムをハードウェアで実現したディジタルシグナルプロセッサ（DSP）のデバイスも多種あることから，ディジタル信号処理の実用性は飛躍的に向上し，電気製品や自動車ばかりでなく，広範な製品に利用されている．そこで本章では，ディジタル信号処理の重要なテーマの一つであるディジタル信号のフーリエ解析法について学んでいくことにしよう．

7・2 離散フーリエ変換（DFT）

さて，フーリエ級数展開を思い出そう．周期 2π の関数 $f(t)$ のフーリエ級数展開は，基本区間を $[0, 2\pi]$ とすると，5 章（式 (5·8)，(5·9)）で示したように

$$f(t) = \sum_{k=-\infty}^{\infty} C_k e^{jkt} \tag{7·1}$$

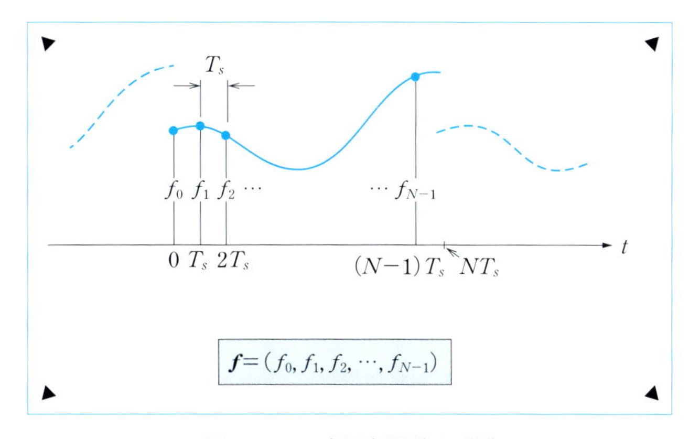

図7・2　N 個の信号値の系列

$$C_k=\frac{1}{2\pi}\int_{-\pi}^{\pi}f(t)e^{-jkt}dt=\frac{1}{2\pi}\int_{0}^{2\pi}f(t)e^{-jkt}dt$$

$$(k=0,\ \pm1,\ \pm2,\ \pm3,\ \cdots) \tag{7・2}$$

と表された．周期信号の周波数成分を表すフーリエ係数 C_k は周波数領域で離散的な値をとっていることは明らかであるが，時間領域で信号を離散的に表したらどうなるだろうか．

等間隔でサンプリングされた N 個の信号値の系列が，いま**図7・2**のように

$$\{f_0,\ f_1,\ f_2,\ \cdots,\ f_{N-1}\}$$

で表されているとしよう．そのサンプリング間隔を T_s とすると，NT_s がこの信号の基本周期となるので，NT_s を周期とする周期関数とみなしてこの信号を展開することになる．

周期 2π の周期関数 $f(t)$ の複素フーリエ係数 C_k は，$f(t)$ と e^{jkt} の内積

$$C_k=\langle f(t),\ e^{jkt}\rangle$$

で与えられることをすでに学んだ．いまここで定義したいのは，このフーリエ係数に相当するものであり，$f(t)$ を近似する N 個の信号値の系列からつくられた N 次元のベクトル

$$\boldsymbol{f}=(f_0,\ f_1,\ \cdots,\ f_{N-1})$$

に対するフーリエ係数である．これを求めるためには e^{jkt} に相当するベクトルが与えられればよく，最終的にはそのベクトルと $\boldsymbol{f}$ との内積によって離散値デー

タに対するフーリエ係数が定義できるはずである．つまり，関数 e^{jkt} に相当し，複素数を要素とする N 次元ベクトルをいま $\boldsymbol{e}_k$ と書くと，ベクトル $\boldsymbol{f}$ に対するフーリエ係数は $\boldsymbol{f}$ と $\boldsymbol{e}_k$ の内積として

$$C_k = \langle \boldsymbol{f}, \boldsymbol{e}_k \rangle$$

と与えられるはずである．それでは，いったい $\boldsymbol{e}_k$ はどのようなベクトルならばよいのだろうか．

これは定義から自然に予想されるだろう．そう，複素関数

$$e^{jkt} = \cos kt + j \sin kt$$

を間隔 $2\pi/N$ でサンプリングした複素数の列を要素とする N 次元ベクトルが適当である．つまり，$\Delta\omega = 2\pi/N$ とおくと

$$\boldsymbol{e}_k = (1, e^{jk\Delta\omega}, e^{j2k\Delta\omega}, \cdots, e^{j(N-1)k\Delta\omega})$$

である（**図 7·3**）．実際，$\boldsymbol{e}_k$ の k を $k=0, 1, 2, \cdots, N-1$ としてつくられたベクトルの集合 $\{\boldsymbol{e}_0, \boldsymbol{e}_1, \boldsymbol{e}_2, \cdots, \boldsymbol{e}_{N-1}\}$ が，N 次元のベクトル空間で正規直交基をなしていることからもこれは妥当である（MEMO）．

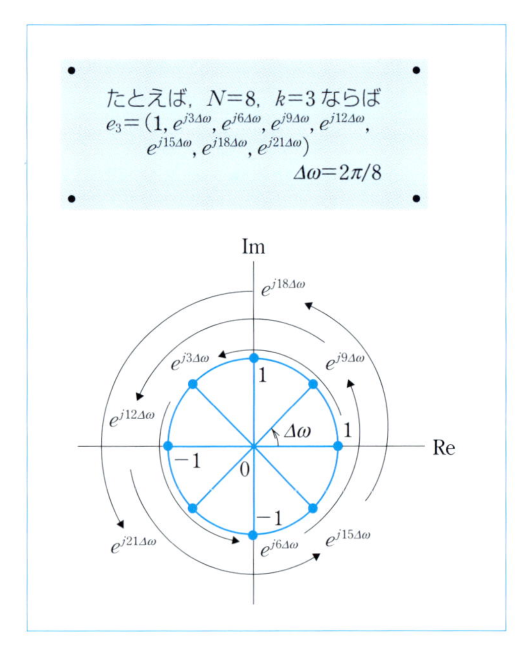

図 7・3 N 次元ベクトル

MEMO

ベクトルの系列 $\{\boldsymbol{e}_0, \boldsymbol{e}_1, \boldsymbol{e}_2, \cdots, \boldsymbol{e}_{N-1}\}$ が正規直交系をなすことを確かめるためには，次の内積の計算をすればよい．

$$\langle \boldsymbol{e}_m, \boldsymbol{e}_n \rangle = \frac{1}{N} \sum_{i=0}^{N-1} e^{j(2\pi/N)mi} e^{-j(2\pi/N)ni} = \delta_{mn}$$

さて，こうなると話はスムーズに進む．ベクトル $\boldsymbol{f}$ は正規直交基 $\{\boldsymbol{e}_0, \boldsymbol{e}_1, \boldsymbol{e}_2, \cdots, \boldsymbol{e}_{N-1}\}$ によって

$$\boldsymbol{f} = \sum_{k=0}^{N-1} C_k \boldsymbol{e}_k \qquad (7 \cdot 3)$$

のように展開できるわけである．そしてその係数 C_k は $\boldsymbol{f}$ と $\boldsymbol{e}_k$ の内積をとって

$$C_k = \langle \boldsymbol{f}, \boldsymbol{e}_k \rangle \qquad (7 \cdot 4)$$

と表せる．すなわち

$$C_k = \frac{1}{N} \sum_{i=0}^{N-1} f_i e^{-j(2\pi/N)ki} \quad (k=0, 1, 2, \cdots, N-1) \qquad (7 \cdot 5)$$

となる．これを信号値系列 $\{f_0, f_1, \cdots, f_{N-1}\}$ の**離散フーリエ変換**（Discrete Fourier Transform．略して DFT）という．そして式（7·3）でベクトル $\boldsymbol{f}$ の各要素を表した式

$$f_i = \sum_{k=0}^{N-1} C_k e^{j(2\pi/N)ki} \quad (i=0, 1, 2, \cdots, N-1) \qquad (7 \cdot 6)$$

は**離散フーリエ逆変換**（Inverse Discrete Fourier Transform．略して IDFT）という．

MEMO

複素数が扱えないプログラム言語を利用する場合は，三角関数によって式（7·5）や式（7·6）を表現することになる．念のため，これを書いておこう．離散フーリエ変換のフーリエ係数 C_k の実部を A_k，虚部を B_k として，これを

$$C_k = A_k + jB_k$$

のように書くと

$$A_k = \frac{1}{N} \sum_{i=0}^{N-1} f_i \cos \frac{2\pi}{N} ki$$

$$B_k = -\frac{1}{N}\sum_{i=0}^{N-1} f_i \sin\frac{2\pi}{N}ki \quad (k=0, 1, 2, \cdots, N-1)$$

となる．また，離散フーリエ逆変換

$$f_i = \sum_{i=0}^{N-1}(A_k + jB_k)\left(\cos\frac{2\pi}{N}ki + j\sin\frac{2\pi}{N}ki\right)$$

$$= \sum_{i=0}^{N-1}\left(A_k\cos\frac{2\pi}{N}ki - B_k\sin\frac{2\pi}{N}ki\right) + j\sum_{i=0}^{N-1}\left(A_k\sin\frac{2\pi}{N}ki + B_k\cos\frac{2\pi}{N}ki\right)$$

となるが，f_i は実数であることから，この式の虚部は 0 となる．したがって

$$f_i = \sum_{i=0}^{N-1}\left(A_k\cos\frac{2\pi}{N}ki - B_k\sin\frac{2\pi}{N}ki\right) \quad (i=0, 1, 2, \cdots, N-1)$$

である．

さて，これらの式を使うことによって，コンピュータによる数値計算でディジタル的なフーリエ解析が行えることがわかった．ところで，DFT と IDFT の式をよく見比べてみよう．すると，これらの式は $1/N$ の係数がつくかどうか．また e の指数の符号が正か負かという点を除くと，全く同じ形をしていることがわかる．したがって，DFT も IDFT もコンピュータのプログラムとしては共通のものを一つ用意しておけばよい．つまり，DFT ならば信号値の系列，また IDFT ならばフーリエ係数を入力データとし，DFT か IDFT かによって，e の指数の符号を変えたり，計算結果をデータ数 N で割ればよいのである．

7・3 DFT の性質

図 7･4 を参考にしながら，DFT の次のような性質を調べていこう．

〔1〕 スペクトルの周期性

離散フーリエ変換で得られたフーリエ係数には次の関係がある．

$$C_{k+N} = C_k \tag{7・7}$$

これが意味するところは

フーリエ係数のスペクトルは周期的であり，その周期は N である

ということである．なぜならば

$$C_{k+N} = \frac{1}{N}\sum_{i=0}^{N-1} f_i e^{-j(2\pi/N)(k+N)i}$$

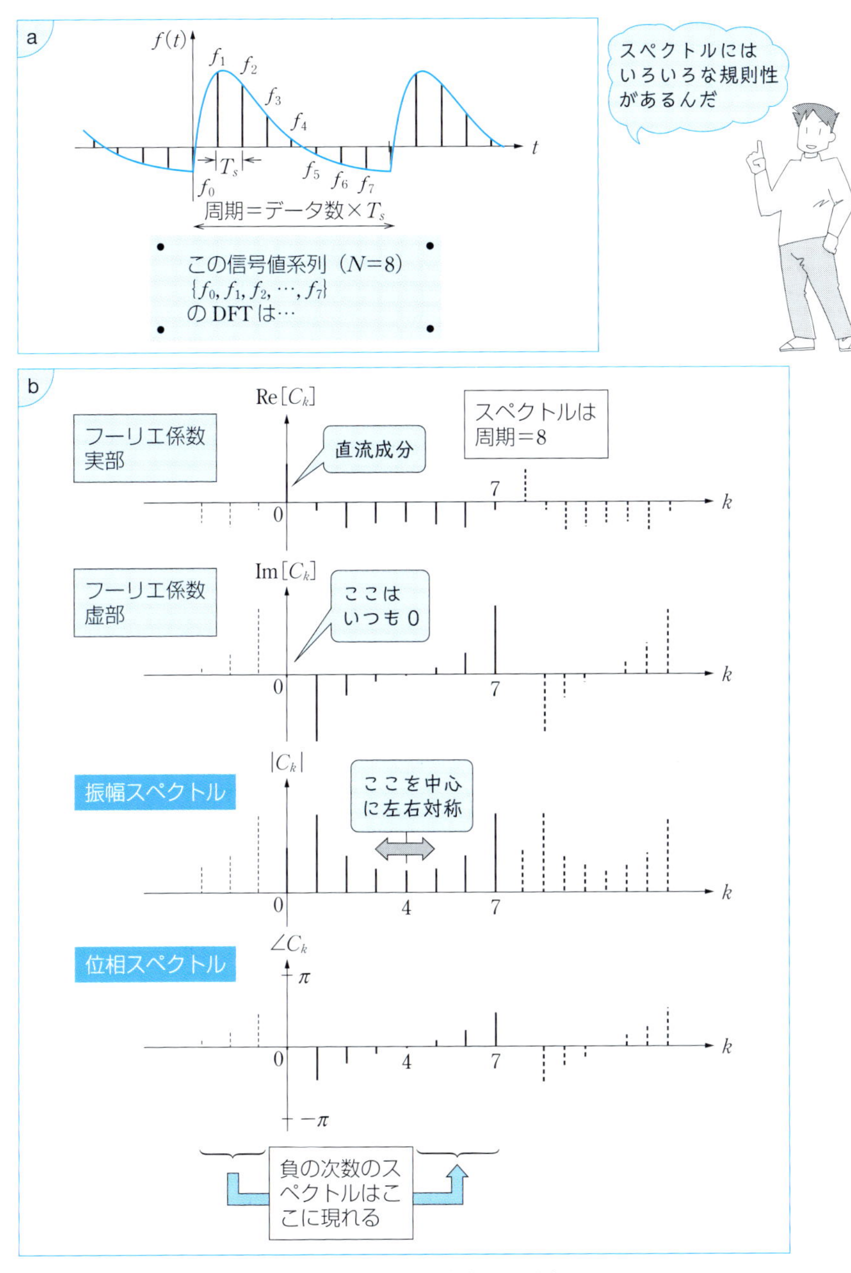

図 7・4　DFT のスペクトルの見方

$$=\frac{1}{N}\sum_{i=0}^{N-1} f_i e^{-j(2\pi/N)ki} e^{-j2\pi i}$$

であり，i は整数なので

$$e^{-j2\pi i}=1$$

となり，結局

$$C_{k+N}=C_k$$

となるからである．

この周期性の性質から，N 点のデータから得られる有効なフーリエ係数は $C_0, C_1, \cdots, C_{N-1}$ であり，それ以外の係数はこれらの繰返しである．

〔2〕 スペクトルの対称性

フーリエ係数の次の性質を証明しよう．

$$C_{N-k}=C_{-k} \tag{7・8}$$

この式は離散フーリエ変換における次の事実を示している．

負の次数のスペクトルは $k=\dfrac{N}{2}$ から $k=N-1$ に現れる

なぜならば

$$C_{N-k}=\frac{1}{N}\sum_{i=0}^{N-1} f_i e^{-j(2\pi/N)(N-k)i}$$

$$=\frac{1}{N}\sum_{i=0}^{N-1} f_i e^{-j(2\pi/N)(-k)i} e^{-j2\pi i}$$

$$=\frac{1}{N}\sum_{i=0}^{N-1} f_i e^{-j(2\pi/N)(-k)i}$$

$$=C_{-k}$$

だからである．ところで，信号値の系列が実数値であるとき，複素フーリエ変換には次のような複素共役の関係

$$C_{-k}=\overline{C_k} \quad したがって \quad |C_{-k}|=|C_k|$$

が成立していた．

また同じことではあるが，これは

$$\mathrm{Re}[C_{-k}]=\mathrm{Re}[C_k] \qquad \mathrm{Im}[C_{-k}]=-\mathrm{Im}[C_k]$$

と書ける．このことと式 (7·8) から

$$C_{N-k}=\overline{C_k} \tag{7・9}$$

が成立することがわかる．この式が意味するところは振幅スペクトルの対称性である．つまり，離散フーリエ変換においては

振幅スペクトルは $k=\dfrac{N}{2}$ を中心として左右対称である

といえる．

7・4　高速フーリエ変換（FFT）

DFT はコンピュータを使って信号のフーリエ解析をするとき，どうしても知っておかなければならない大切な技術である．DFT の理論を知らないと，計算結果として得られたフーリエスペクトルを解釈できなくなる．しかし現在，実際に信号処理に関係する人の中で DFT のアルゴリズムを利用してフーリエ解析をしている人はあまりいない．その理由はただ一つ，計算時間がかかりすぎるからである．

パソコンで実際に試してみるとよいが，データ点数が少ないときはさほど気にならないだろうが，点数が増すと計算にだいぶ時間がかかることがわかる．しかしこれから説明する**高速フーリエ変換**（Fast Fourier Transform．略して **FFT**）のアルゴリズムを使うと，またたくまに結果が出てくる．例えばデータ点数が 64 点ぐらいでも FFT を利用すると DFT に比べて計算時間は約 1/20 ぐらいに減少する．さらに 1 024 点であると約 1/200，8 192 点ではなんと約 1/1 260 ほどになる．データ点数が多いほど，DFT に比べた計算スピードの効果が実感できるのである．さらに信号処理用専用プロセッサを使えばリアルタイムにフーリエ解析を行うこともできる．ただし，FFT は普通，データ点数に制約があり，2 のべき乗（2, 4, 8, 16, 32, 64, 128, …）にデータ数をとるのが一般的である．このような制約がありながらも，実用上は計算速度の点でメリットが大きいので，必然的に FFT が用いられるのである．

FFT は DFT における計算の無駄を省くため，三角関数の周期性を実にうまく利用した計算技法である．したがって，ディジタル信号処理を行うときに重要な武器であることに間違いはないが，そのアルゴリズムはいささか複雑で，その中身は信号処理の本質というよりは，数値計算技法の問題というべきかもしれな

い．FFT であっても DFT であっても計算結果には差がない（厳密にいうと，実は FFT のほうが演算回数が少ないのでいくぶん計算精度が高い）．したがって，DFT を知っていれば，FFT の計算アルゴリズムは知らなくても使用上は差支えないので，興味のない読者は，この節を読み飛ばしてもかまわないだろう．

さて，それでは DFT のどこに無駄が潜んでいるのか，それから解析していくことにしよう．

〔1〕　DFT を解析する

いまデータ点数を N としたとき，ある複素数 w を $w=e^{-j(2\pi/N)}$ とおいてみよう．そのとき DFT では，信号値の系列 $\{f_0, f_1, f_2, \cdots, f_{N-1}\}$ のフーリエ係数は

$$C_k=\frac{1}{N}\sum_{i=0}^{N-1}w^{ki}f_i$$

と表される．とりあえずここでは信号値の系列が 8 点，つまり $N=8$ の場合を考えてみる．まず，この信号を

$$\{f_0, f_1, f_2, \cdots, f_7\}$$

としてフーリエ係数 C_k を具体的に書き下すと

$$C_k=\frac{1}{8}(w^0f_0+w^kf_1+w^{2k}f_2+w^{3k}f_3+w^{4k}f_4+w^{5k}f_5+w^{6k}f_6+w^{7k}f_7)$$

となる．いちいち係数を書くのは面倒なので，今後は係数 1/8 は省略する．だから，今後は C_k とは実は NC_k のことであると解釈してほしい．

さて，すべてのフーリエ係数 $\{C_0, C_1, C_2, \cdots, C_7\}$ をここで書き下すことにするが，信号値に掛けられる w のべき乗がどのように表されるのかが重要なので，これを行列の形で表すことにする．すると次のようになるので，じっくりと確かめてほしい．

$$\begin{bmatrix}C_0\\C_1\\C_2\\C_3\\C_4\\C_5\\C_6\\C_7\end{bmatrix}=\begin{bmatrix}w^0&w^0&w^0&w^0&w^0&w^0&w^0&w^0\\w^0&w^1&w^2&w^3&w^4&w^5&w^6&w^7\\w^0&w^2&w^4&w^6&w^8&w^{10}&w^{12}&w^{14}\\w^0&w^3&w^6&w^9&w^{12}&w^{15}&w^{18}&w^{21}\\w^0&w^4&w^8&w^{12}&w^{16}&w^{20}&w^{24}&w^{28}\\w^0&w^5&w^{10}&w^{15}&w^{20}&w^{25}&w^{30}&w^{35}\\w^0&w^6&w^{12}&w^{18}&w^{24}&w^{30}&w^{36}&w^{42}\\w^0&w^7&w^{14}&w^{21}&w^{28}&w^{35}&w^{42}&w^{49}\end{bmatrix}\begin{bmatrix}f_0\\f_1\\f_2\\f_3\\f_4\\f_5\\f_6\\f_7\end{bmatrix} \qquad (7\cdot10)$$

w の指数に注目！

さて，この行列がきちんとフーリエ係数を与える式となっていることがわかっただろうか．この行列を計算するためには $8\times8=64$ 回の積と $7\times8=56$ 回の和の計算が必要である．一般的には N 点の DFT の計算には N^2 回の乗算と $(N-1)N$ 回の加算が必要となる．この例のように N が小さなときは大した計算量ではないが，N が 1 000 ぐらいになると，100 万回もの積和の計算が必要になる．

ところで，w のべき乗にはある規則性が潜んでいる．**図 7·5** を見てみよう．これからわかるように

$$w^8=w^0$$
$$w^9=w^1$$
$$w^{10}=w^2$$
$$w^{11}=w^3$$
$$\vdots$$

という具合に，w^8 以降は w^0 から w^7 までのどれかと値が等しい．これはよく考

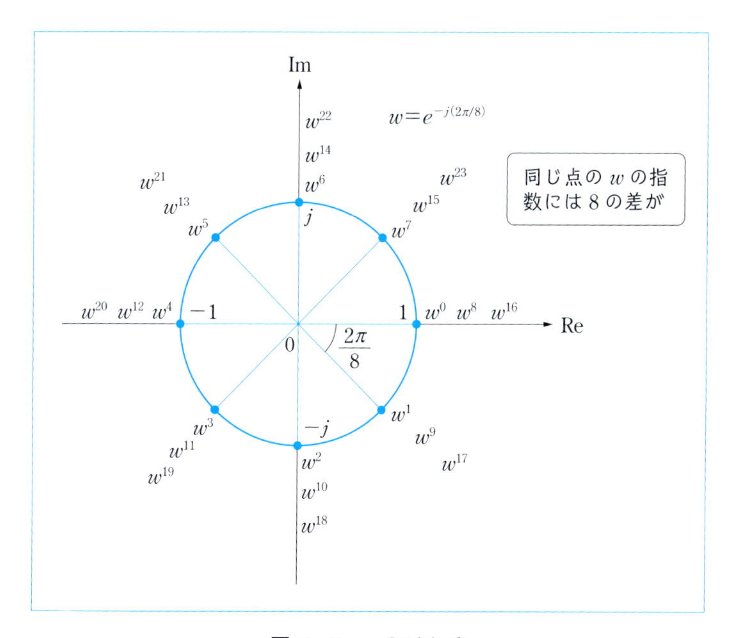

図 7・5　w のべき乗

えてみると，n を8で割った残り，これを

$$n \bmod 8$$

と書くと

$$w^n = w^{n \bmod 8}$$

のように表せるということである．つまり

$$8 \bmod 8 = 0$$
$$9 \bmod 8 = 1$$
$$10 \bmod 8 = 2$$
$$11 \bmod 8 = 3$$
$$\vdots$$

なのである．この法則性を使って，w のべき乗がすべて w^0 から w^7 のどれかになるように，先の行列の式 (7·10) を自分で書き直してほしい．さて，どうなるだろうか．

答をすぐ見ないで，ちゃんと自分でやったかな……結果は次のようになる．

$$\begin{bmatrix} C_0 \\ C_1 \\ C_2 \\ C_3 \\ C_4 \\ C_5 \\ C_6 \\ C_7 \end{bmatrix} = \begin{bmatrix} w^0 & w^0 & w^0 & w^0 & w^0 & w^0 & w^0 & w^0 \\ w^0 & w^1 & w^2 & w^3 & w^4 & w^5 & w^6 & w^7 \\ w^0 & w^2 & w^4 & w^6 & w^0 & w^2 & w^4 & w^6 \\ w^0 & w^3 & w^6 & w^1 & w^4 & w^7 & w^2 & w^5 \\ w^0 & w^4 & w^0 & w^4 & w^0 & w^4 & w^0 & w^4 \\ w^0 & w^5 & w^2 & w^7 & w^4 & w^1 & w^6 & w^3 \\ w^0 & w^6 & w^4 & w^2 & w^0 & w^6 & w^4 & w^2 \\ w^0 & w^7 & w^6 & w^5 & w^4 & w^3 & w^2 & w^1 \end{bmatrix} \begin{bmatrix} f_0 \\ f_1 \\ f_2 \\ f_3 \\ f_4 \\ f_5 \\ f_6 \\ f_7 \end{bmatrix} \qquad (7 \cdot 11)$$

w の指数の規則性
をどう表すか
それが問題

この行列をしばらく眺めてほしい．きっと，いろいろな規則性を発見することができるだろう．問題は，その規則性をいかに使えば計算の効率化を図れるかにある．

FFTはDFTを表現するこの行列の中に潜んでいるある法則法をうまく利用し，計算を効率的に行おうというものである．そしてその方針は行列の要素をうまく並べ替え，乗算の回数を減らすことにある．というのは，乗算は加算や減算の計算に比べ計算時間がかかるので，全体の計算量のほとんどを占めている乗算の演算回数を減らせば，結果的に全体の計算時間を短縮することができるからで

ある．では，いったい FFT ではどのようにして乗算回数が減らされているのだろうか．

〔2〕 4点のデータに対する FFT アルゴリズム

まず，信号値の系列が4個しかない場合から話を進めよう．入力信号が

$$\{f_0, f_1, f_2, f_3\}$$

であるとすると，その DFT は

$$\begin{bmatrix} C_0 \\ C_1 \\ C_2 \\ C_3 \end{bmatrix} = \begin{bmatrix} w^0 & w^0 & w^0 & w^0 \\ w^0 & w^1 & w^2 & w^3 \\ w^0 & w^2 & w^4 & w^6 \\ w^0 & w^3 & w^6 & w^9 \end{bmatrix} \begin{bmatrix} f_0 \\ f_1 \\ f_2 \\ f_3 \end{bmatrix} \tag{7・12}$$

と表せる．**図 7･6** を見ながら，w のべき乗を具体的な数値に置き換えてみると

$$\begin{bmatrix} C_0 \\ C_1 \\ C_2 \\ C_3 \end{bmatrix} = \begin{bmatrix} 1 & 1 & 1 & 1 \\ 1 & -j & -1 & j \\ 1 & -1 & 1 & -1 \\ 1 & j & -1 & -j \end{bmatrix} \begin{bmatrix} f_0 \\ f_1 \\ f_2 \\ f_3 \end{bmatrix} \tag{7・13}$$

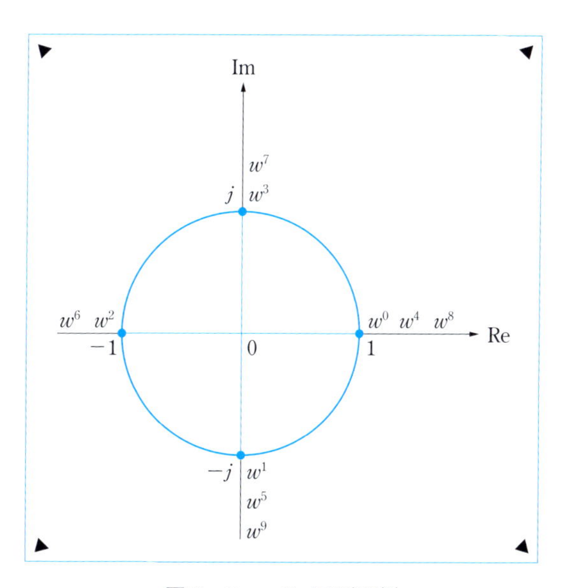

図 7・6　w のべき乗の例

となる．

さて，これからはこの行列の要素の入替えを頻繁に行っていくが，困ったことに普通の行列の表記法を使うと式が見にくくなってしまう．そこでこれをいくらかでも見やすくするために，この本の中でしか通用しない，ある特別な行列の表記法を定義させてもらうことにする．まず，先の式 (7·12) は

$$\begin{array}{ccc} & & [f_0 \quad f_1 \quad f_2 \quad f_3] \\ \begin{bmatrix} C_0 \\ C_1 \\ C_2 \\ C_3 \end{bmatrix} & = & \begin{bmatrix} w^0 & w^0 & w^0 & w^0 \\ w^0 & w^1 & w^2 & w^3 \\ w^0 & w^2 & w^4 & w^6 \\ w^0 & w^3 & w^6 & w^9 \end{bmatrix} \end{array} \tag{7・14}$$

と表記してみよう．また，そのうちに

$$\begin{array}{ccc} & & [f_0 \quad f_1 \quad f_2 \quad f_3] \\ \begin{bmatrix} C_0 \\ C_1 \\ C_2 \\ C_3 \end{bmatrix} & = & \begin{bmatrix} aw^0 & aw^0 & aw^0 & aw^0 \\ bw^0 & bw^1 & bw^2 & bw^3 \\ cw^0 & cw^2 & cw^4 & cw^6 \\ dw^0 & dw^3 & dw^6 & dw^9 \end{bmatrix} \end{array}$$

のような式が出てくるが，これは係数の共通性に注目して簡単に

$$\begin{array}{cccc} & & & [f_0 \quad f_1 \quad f_2 \quad f_3] \\ \begin{bmatrix} C_0 \\ C_1 \\ C_2 \\ C_3 \end{bmatrix} & = & \begin{bmatrix} a \\ b \\ c \\ d \end{bmatrix} & \begin{bmatrix} w^0 & w^0 & w^0 & w^0 \\ w^0 & w^1 & w^2 & w^3 \\ w^0 & w^2 & w^4 & w^6 \\ w^0 & w^3 & w^6 & w^9 \end{bmatrix} \end{array}$$

と表してしまおう．もちろんこの式は正しくは

$$\begin{bmatrix} C_0 \\ C_1 \\ C_2 \\ C_3 \end{bmatrix} = \begin{bmatrix} aw^0f_0 & +aw^0f_1 & +aw^0f_2 & +aw^0f_3 \\ bw^0f_0 & +bw^1f_1 & +bw^2f_2 & +bw^3f_3 \\ cw^0f_0 & +cw^2f_1 & +cw^4f_2 & +cw^6f_3 \\ dw^0f_0 & +dw^3f_1 & +dw^6f_2 & +dw^9f_3 \end{bmatrix}$$

を表している．この表記法はこの本の中だけでしか通用しないことをくれぐれも忘れないように．

さて，本論に戻ろう．まず式 (7·14) でちょっとした並べ替えをやってみる．

それは行列の列を入れ替え，偶数番目のデータのグループ f_0，f_2 と，奇数番目のデータのグループ f_1，f_3 の二つのグループに式を分けるのである．すなわち

$$\begin{matrix} & & [f_0 \quad f_2] & & [f_1 \quad f_3] \\ \begin{bmatrix} C_0 \\ C_1 \\ C_2 \\ C_3 \end{bmatrix} & = & \begin{bmatrix} w^0 & w^0 \\ w^0 & w^2 \\ w^0 & w^4 \\ w^0 & w^6 \end{bmatrix} & + & \begin{bmatrix} w^0 & w^0 \\ w^1 & w^3 \\ w^2 & w^6 \\ w^3 & w^9 \end{bmatrix} \end{matrix}$$

としてみる．そしてこの式の右半分の行列に注目する．$w^{k+l}=w^k w^l$ であることに注意する．この式は

二つのグループに分けると同じ形の行列が……

$$\begin{matrix} & & [f_0 \quad f_2] & & [f_1 \quad\quad f_3] \\ \begin{bmatrix} C_0 \\ C_1 \\ C_2 \\ C_3 \end{bmatrix} & = & \begin{bmatrix} w^0 & w^0 \\ w^0 & w^2 \\ w^0 & w^4 \\ w^0 & w^6 \end{bmatrix} & + & \begin{bmatrix} w^0w^0 & w^0w^0 \\ w^1w^0 & w^1w^2 \\ w^2w^0 & w^2w^4 \\ w^3w^0 & w^3w^6 \end{bmatrix} \end{matrix}$$

$$\begin{matrix} & [f_0 \quad f_2] & & & [f_1 \quad f_3] \\ = & \begin{bmatrix} w^0 & w^0 \\ w^0 & w^2 \\ w^0 & w^4 \\ w^0 & w^6 \end{bmatrix} & + & \begin{bmatrix} w^0 \\ w^1 \\ w^2 \\ w^3 \end{bmatrix} & \begin{bmatrix} w^0 & w^0 \\ w^0 & w^2 \\ w^0 & w^4 \\ w^0 & w^6 \end{bmatrix} \end{matrix} \qquad (7 \cdot 15)$$

のように整理できる．図 7･6 から明らかなように

$$w^4=w^0=1 \qquad w^6=w^2=-1$$

であり，また

$$w^2=-w^0 \qquad w^3=-w^1$$

であるので，これを式 (7･15) に代入すると

$$\begin{matrix} & & [f_0 \quad f_2] & & & [f_1 \quad f_3] \\ \begin{bmatrix} C_0 \\ C_1 \\ C_2 \\ C_3 \end{bmatrix} & = & \begin{bmatrix} 1 & 1 \\ 1 & -1 \\ 1 & 1 \\ 1 & -1 \end{bmatrix} & + & \begin{bmatrix} w^0 \\ w^1 \\ -w^0 \\ -w^1 \end{bmatrix} & \begin{bmatrix} 1 & 1 \\ 1 & -1 \\ 1 & 1 \\ 1 & -1 \end{bmatrix} \end{matrix} \qquad (7 \cdot 16)$$

を得る．さて，これを眺めると，青色の配列の部分はそれぞれ等しく，その要素

は 1 と −1 しか含んでいないことがわかる．したがって，この部分の計算は加減算だけで実行でき，しかも同じ計算を繰り返して行うことになる．ということは，この計算をまとめてしまえば，計算量は減るに違いない．

式 (7·16) の計算過程をわかりやすくするために，図式的にこれを表してみよう．まず最初は f_0, f_1, f_2, f_3 を偶数番目のデータのグループと奇数番目のデータのグループに分け，それぞれのグループの中で，和と差をとる．この計算の流れを図示すると図 7·7 のように書ける．線の横の数値は線の根元の値にその値を掛けることを意味し，矢印の合流点では二つの値を加えることを意味している．ただし，今後は +1 は省略する．このたすき掛けの演算は，蝶が羽根を広げた様子に似ていることから**バタフライ演算**とよばれている．1 回のバタフライ演算で 1 回の乗算が行われることに注意しよう．ところで**図 7·7** で f_2 と f_3 にそれぞれ w^0（$w^0=1$）が掛けられているのに妙に感じるかもしれないが，これは，今後のバタフライ演算を一般的に表現するためであり，わざとこのような形で書いておく．

バタフライ演算を続けていこう．次の演算の過程を図示すると，**図 7·8** のようになる．この図の中のバタフライ演算は 4 回行われている．DFT であれば 4×4＝16 回必要であった乗算の計算が，この行列の計算の場合はたった 4 回ですんでいることがわかる．

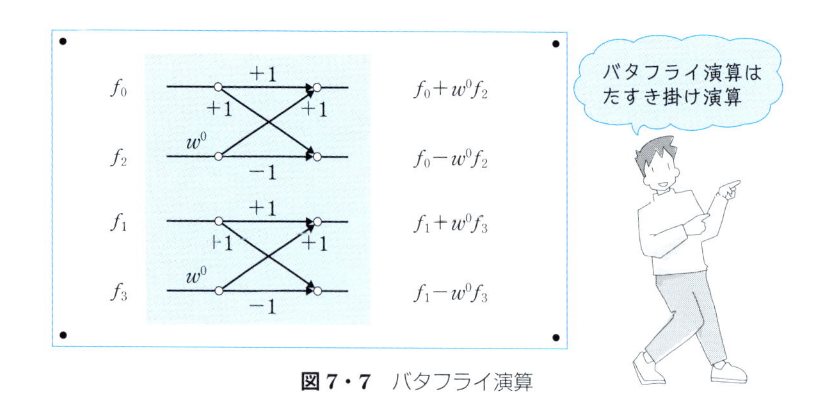

図 7·7 バタフライ演算

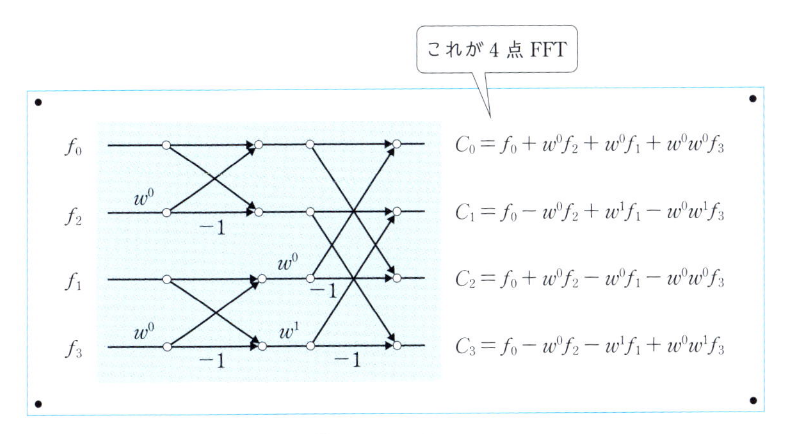

図 7・8　4 点 FFT

〔3〕 FFT アルゴリズムの一般化

4 点のデータに対する FFT の方法は，もっと多数のデータに対してはどのように拡張していけるだろうか．4 点 FFT のときは，データを偶数番目のものと奇数番目のものとに分けるというのがポイントであったので，多数点の FFT についても，まずはこれを試してみるとよいかもしれない．そこで，ここではまず 8 点 FFT を考えてみよう．

まず，8 点 DFT の基本式 (7·11) の列を偶数番目と奇数番目の二つのグループに分けてみよう．

$$
\begin{matrix} \\ \begin{bmatrix} C_0 \\ C_1 \\ C_2 \\ C_3 \\ C_4 \\ C_5 \\ C_6 \\ C_7 \end{bmatrix} \end{matrix}
\begin{matrix} \\ = \end{matrix}
\begin{matrix} [f_0 \quad f_2 \quad f_4 \quad f_6] \\ \begin{bmatrix} w^0 & w^0 & w^0 & w^0 \\ w^0 & w^2 & w^4 & w^6 \\ w^0 & w^4 & w^8 & w^{12} \\ w^0 & w^6 & w^{12} & w^{18} \\ w^0 & w^8 & w^{16} & w^{24} \\ w^0 & w^{10} & w^{20} & w^{30} \\ w^0 & w^{12} & w^{24} & w^{36} \\ w^0 & w^{14} & w^{28} & w^{42} \end{bmatrix} \end{matrix}
\begin{matrix} \\ + \end{matrix}
\begin{matrix} [f_1 \quad f_3 \quad f_5 \quad f_7] \\ \begin{bmatrix} w^0 & w^0 & w^0 & w^0 \\ w^1 & w^3 & w^5 & w^7 \\ w^2 & w^6 & w^{10} & w^{14} \\ w^3 & w^9 & w^{15} & w^{21} \\ w^4 & w^{12} & w^{20} & w^{28} \\ w^5 & w^{15} & w^{25} & w^{35} \\ w^6 & w^{18} & w^{30} & w^{42} \\ w^7 & w^{21} & w^{35} & w^{49} \end{bmatrix} \end{matrix}
\tag{7・17}
$$

ここで，奇数番目のグループに注目すると

$$
\begin{matrix} & & [f_0 & f_2 & f_4 & f_6] & & & [f_1 & f_3 & f_5 & f_7] \end{matrix}
$$
$$
\begin{bmatrix} C_0 \\ C_1 \\ C_2 \\ C_3 \\ C_4 \\ C_5 \\ C_6 \\ C_7 \end{bmatrix} = \begin{bmatrix} w^0 & w^0 & w^0 & w^0 \\ w^0 & w^2 & w^4 & w^6 \\ w^0 & w^4 & w^8 & w^{12} \\ w^0 & w^6 & w^{12} & w^{18} \\ w^0 & w^8 & w^{16} & w^{24} \\ w^0 & w^{10} & w^{20} & w^{30} \\ w^0 & w^{12} & w^{24} & w^{36} \\ w^0 & w^{14} & w^{28} & w^{42} \end{bmatrix} + \begin{bmatrix} w^0 \\ w^1 \\ w^2 \\ w^3 \\ w^4 \\ w^5 \\ w^6 \\ w^7 \end{bmatrix} \begin{bmatrix} w^0 & w^0 & w^0 & w^0 \\ w^0 & w^2 & w^4 & w^6 \\ w^0 & w^4 & w^8 & w^{12} \\ w^0 & w^6 & w^{12} & w^{18} \\ w^0 & w^8 & w^{16} & w^{24} \\ w^0 & w^{10} & w^{20} & w^{30} \\ w^0 & w^{12} & w^{24} & w^{36} \\ w^0 & w^{14} & w^{28} & w^{42} \end{bmatrix} \quad (7 \cdot 18)
$$

となる．さらに w のべき乗は w^0 から w^7 のいずれかの値に等しくなるという規則を用いると

$$
\begin{matrix} & & [f_0 & f_2 & f_4 & f_6] & & & [f_1 & f_3 & f_5 & f_7] \end{matrix}
$$
$$
\begin{bmatrix} C_0 \\ C_1 \\ C_2 \\ C_3 \\ C_4 \\ C_5 \\ C_6 \\ C_7 \end{bmatrix} = \begin{bmatrix} w^0 & w^0 & w^0 & w^0 \\ w^0 & w^2 & w^4 & w^6 \\ w^0 & w^4 & w^0 & w^4 \\ w^0 & w^6 & w^4 & w^2 \\ w^0 & w^0 & w^0 & w^0 \\ w^0 & w^2 & w^4 & w^6 \\ w^0 & w^4 & w^0 & w^4 \\ w^0 & w^6 & w^4 & w^2 \end{bmatrix} + \begin{bmatrix} w^0 \\ w^1 \\ w^2 \\ w^3 \\ w^4 \\ w^5 \\ w^6 \\ w^7 \end{bmatrix} \begin{bmatrix} w^0 & w^0 & w^0 & w^0 \\ w^0 & w^2 & w^4 & w^6 \\ w^0 & w^4 & w^0 & w^4 \\ w^0 & w^6 & w^4 & w^2 \\ w^0 & w^0 & w^0 & w^0 \\ w^0 & w^2 & w^4 & w^6 \\ w^0 & w^4 & w^0 & w^4 \\ w^0 & w^6 & w^4 & w^2 \end{bmatrix} \quad (7 \cdot 19)
$$

のように書ける．さて，ここで図 7·5 を見直すと，以下の関係は明らかである．

$$
w^0 = 1 \qquad w^2 = -j \qquad w^4 = -1 \qquad w^6 = j
$$
$$
w^4 = -w^0 \qquad w^5 = -w^1 \qquad w^6 = -w^2 \qquad w^7 = -w^3
$$

したがって，これを式 (7·19) に代入すると

$$
\begin{matrix} & & [f_0 & f_2 & f_4 & f_6] & & & [f_1 & f_3 & f_5 & f_7] \end{matrix}
$$
$$
\begin{bmatrix} C_0 \\ C_1 \\ C_2 \\ C_3 \\ C_4 \\ C_5 \\ C_6 \\ C_7 \end{bmatrix} = \begin{bmatrix} 1 & 1 & 1 & 1 \\ 1 & -j & -1 & j \\ 1 & -1 & 1 & -1 \\ 1 & j & -1 & -j \\ 1 & 1 & 1 & 1 \\ 1 & -j & -1 & j \\ 1 & -1 & 1 & -1 \\ 1 & j & -1 & -j \end{bmatrix} + \begin{bmatrix} w^0 \\ w^1 \\ w^2 \\ w^3 \\ -w^0 \\ -w^1 \\ -w^2 \\ -w^3 \end{bmatrix} \begin{bmatrix} 1 & 1 & 1 & 1 \\ 1 & -j & -1 & j \\ 1 & -1 & 1 & -1 \\ 1 & j & -1 & -j \\ 1 & 1 & 1 & 1 \\ 1 & -j & -1 & j \\ 1 & -1 & 1 & -1 \\ 1 & j & -1 & -j \end{bmatrix} \quad (7 \cdot 20)
$$

となる．さて，この行列はよく見ると青色の部分が全く同じであることがわかる．さらに気づいてほしいのは，この部分が4点FFTに出てきたwの配列の式(7･13)と等しいということである．このことは，偶数番目の信号のグループと奇数番目の信号のグループのそれぞれで4点FFTを行えば，その結果を使って8点のFFTが表せるということを意味している．この信号の流れを図で示すと**図7･9**のようになる．FFTの流れ図を参照しながらこの図をすべて描くと，バタフライ演算の様子がよくわかる（**図7･10**）．

さて，これまでの過程から予測されるだろう．4点FFTから8点FFT，8点FFTから16点FFTというようにして，信号値系列の適当な並替えとバタフライ演算を繰り返していくと，結局は一般的に2のべき乗個のデータからなる信号のFFTが行えるわけである．

8点FFTの流れ図に出てくるバタフライ演算の数は12であるので，乗算の回数も12回ということになる．これはDFTの場合の64回に比べ，その3/16にすぎない．一般的にいうと，データ点数Nが2のべき乗で$N=2^P$であるとき，その乗算回数はDFTではN^2であるが，FFTでは$NP/2$である．データ数が少ないときはその差は少ないが，たとえばデータ数が$2^{10}=1\,024$のとき，DFT

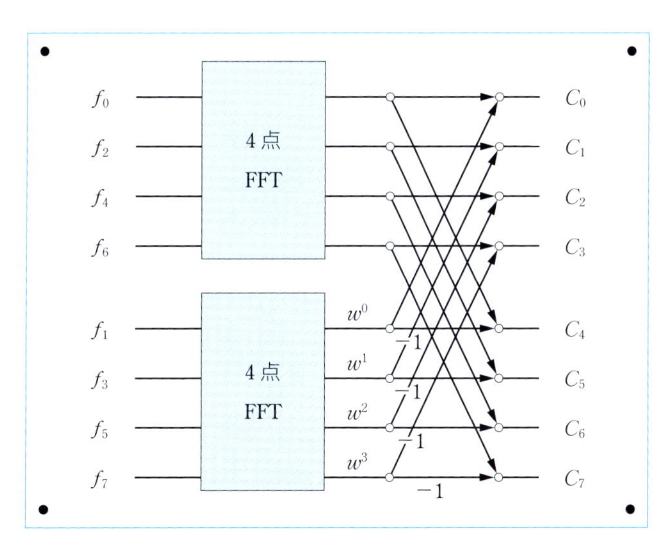

図7・9　4点FFTを使って8点FFT

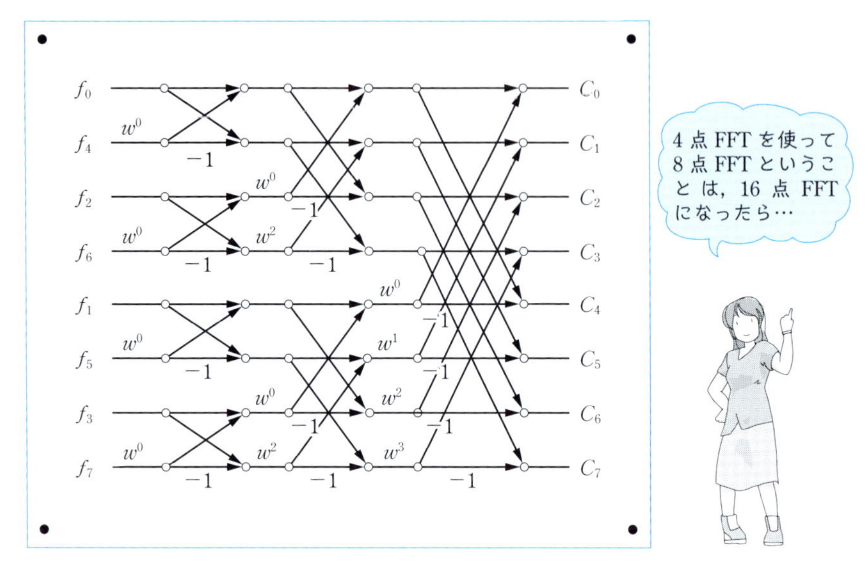

図 7・10 8 点 FFT の流れ図

では約 105 万回の乗算が必要なのに対し，FFT ならば約 5 000 回ですんでしまう．つまり，計算量はおよそ 1/200 になるわけであり，もしも DFT で 10 秒必要であった計算であっても FFT ならわずか 0.05 秒ですんでしまう．データ数が多いほど，この差はますます大きくなり，FFT の威力が発揮されるようになる．

〔4〕 ビットリバーサルとシャフリング技法

FFT のアルゴリズムのポイントの一つはバタフライ演算にあるが，もう一つは信号値の系列を二つのグループに次々に分解し，最終的には 2 点ずつのバタフライ演算に帰着するように信号値を並べ替えることにある．この並替えの方法を**シャフリング技法**（shuffling technique）という．シャフルとは，英語でごちゃ混ぜにするとか，トランプを切るとかいう意味である．また，並べ替えられた信号値の順序関係は**ビットリバーサル**（bit reversal）という．これについては理論的には説明しないが，以下の例によって直感的に理解してもらいたい．

4 点 FFT では信号値の系列は

$$f_0,\ f_2,\ f_1,\ f_3$$

また，8 点 FFT では

$$f_0, f_4, f_2, f_6, f_1, f_5, f_3, f_7$$

の順序に信号を並べた．この添字の値を順番に 2 進数で表すとおもしろいことがわかる．

〈4 点 FFT のとき〉

元の番号		ビットリバーサル後の番号	
10 進数	2 進数	10 進数	2 進数
0	00	0	00
1	01	2	10
2	10	1	01
3	11	3	11

〈8 点 FFT のとき〉

元の番号		ビットリバーサル後の番号	
10 進数	2 進数	10 進数	2 進数
0	000	0	000
1	001	4	100
2	010	2	010
3	011	6	110
4	100	1	001
5	101	5	101
6	110	3	011
7	111	7	111

10 進数ではまるででたらめのように見える数値の並びが，これを 2 進数値の並びに直してみると，歴然とした規則に従っていることがわかる．つまり，ビットリバーサル後の番号は，元の番号の 2 進数値の最下位の桁を最上位に，また最上位の桁を最下位となるように桁の順序関係を全く逆に並べ替えたものに等しいのである．たとえば，青色の部分を見ると，確かに

である．ほかのすべての番号についても，これが成り立っていることを自分で確かめてみよう．

この法則性はデータ数が4とか8とかだけでなく，それ以上になった場合でも成立する普遍的なものであるが，なぜそうなるのか，その理論的な裏づけは興味ある読者への宿題としよう．リバーサルとは日本語では反転という意味だから，ビットリバーサルとはまさにビットの並びを反転することである．

MEMO

C 言語で書かれた FFT のプログラムを参考に掲げる．

（使用方法）

1．離散フーリエ変換のとき

〈入力データ〉

n：データ点数（2 のべき乗であること）

flag：値を－1 にしておく．

ar[i]：1 次元の配列．フーリエ変換すべき信号値の系列をここに入れる（i＝1, 2, 3, …, n）

ai[i]：1 次元の配列．値はすべて 0 にしておく．

〈出力データ〉

ar[i]：フーリエ係数の実部．ar[1] 定数項．第 k 高調波の値は ar[k＋1] に入る（図 7·4 参照）．

ai[i]：フーリエ係数の虚部，見方は上と同じ．

2．離散フーリエ逆変換のとき

〈入力データ〉

n：データ点数（2 のべき乗であること）

flag：値を 1 にしておく．

ar[i]：1 次元の配列．フーリエ係数の実部を入れる．データの形式はフーリエ変換のときの出力結果と同じにする．

ai[i]：1 次元の配列．フーリエ係数の虚部を入れる．

〈出力データ〉

ar[i]：逆フーリエ係数の結果．

ai[i]：ほとんどが 0 かそれに近い値．意味なし

```
#include <math.h>
const double PI = 3.141592653589793;
/* FFT
int n: Number of data points (2 to the power of x)
int flag: FFT:-1, IFFT:1
double *ar: Real part of data
double *ai: Imaginary part of data
*/
int fft(int n, int flag, double* ar, double* ai)
{
long m, mh, i, j, k, irev;
double wr, wi, xr, xi;
double theta;
theta = flag * 2 * PI / n;
i = 0;
for (j = 1; j < n - 1; j++) {
  for (k = n >> 1; k > (i ^= k); k >>= 1);
  if (j < i) {
    xr = ar[j];  ar[j] = ar[i];  ar[i] = xr;
    xi = ai[j];  ai[j] = ai[i];  ai[i] = xi;
  }
}
for (mh = 1; (m = mh << 1) <= n; mh = m) {
  irev = 0;
  for (i = 0; i < n; i += m) {
    wr = cos(theta * irev); wi = sin(theta * irev);
    for (k = n >> 2; k > (irev ^= k); k >>= 1);
    for (j = i; j < mh + i; j++) {
      k = j + mh;
      xr = ar[j] - ar[k]; xi = ai[j] - ai[k];
      ar[j] += ar[k]; ai[j] += ai[k];
      ar[k] = wr * xr - wi * xi;
      ai[k] = wr * xi + wi * xr;
    }
  }
}
if( flag == -1 ){
  for(i=0; i <n; i++){
  ar[i] /= n; ai[i] /= n;
  }
}
return 0;
}
```

いろいろノウハウが
つまっているんだ

本章のまとめ

1 N 個の信号値の系列 $\{f_0, f_1, \cdots, f_{N-1}\}$ の離散フーリエ変換（DFT）は

$$C_k = \frac{1}{N}\sum_{i=0}^{N-1} f_i e^{-j(2\pi/N)ki} \quad (k=0, 1, 2, \cdots, N-1)$$

離散フーリエ逆変換（IDFT）は

$$f_i = \sum_{k=0}^{N-1} C_k e^{j(2\pi/N)ki} \quad (i=0, 1, 2, \cdots, N-1)$$

と定義される．

2 DFT のスペクトルは周期的であり，周期は N である．負のスペクトルは $k=N/2$ から $k=N-1$ に現れる．また，振幅スペクトルとパワースペクトルは $k=N/2$ を中心として左右対称である．

3 FFT は DFT に比べ，かなり効率の良いアルゴリズムであり，計算量を大幅に減少できる．ただし，データ点数は 2 のべき乗でなくてはならない．

演習問題

1 $f_i=\cos(3\pi i/4)$，$(i=0, 1, 2, \cdots, 7)$ の DFT を求めなさい．

2 サンプリング周波数 1 kHz でサンプリングした 512 点のデータ（f_i, $i=1, 2, \cdots, 512$）に対し，FFT を行った（p. 134 の MEMO のプログラム参照）．

（1） 基本波の周波数は何 Hz か．また，解析できる信号の最高周波数は何 Hz か．

（2） 有効なフーリエ係数 C_k $(k=0, \pm 1, \pm 2, \cdots, \pm K)$ と，出力結果 $X(I)$，$Y(I)$ の関係を説明しなさい．また K はいくらか．

3 信号値の系列 $\{f_0, f_1, \cdots, f_{N-1}\}$ の DFT が式 (7·5) で表されるとき，離散フーリエ変換においてもパーシバルの定理

$$\sum_{k=0}^{N-1} |C_k|^2 = \frac{1}{N}\sum_{i=0}^{N-1} |f_i|^2$$

が成立することを確かめなさい．

4 データ点数が 16 の場合のビットリバーサルを求めなさい．

8章

線形システムの解析

8・1　線形システム解析へのアプローチ

信号処理の技術を利用してある物理系を解析しようとするとき，信号の流れは**図 8·1** のように表せる場合が多い．つまり，信号 $x(t)$ があるシステムに入力されたとき，その信号がこのブラックボックスを経由することによって $y(t)$ という信号として出力されるという関係である．われわれが注目する解析の目的は，普通そのブラックボックス，すなわちシステムの特性を明らかにすることにあ

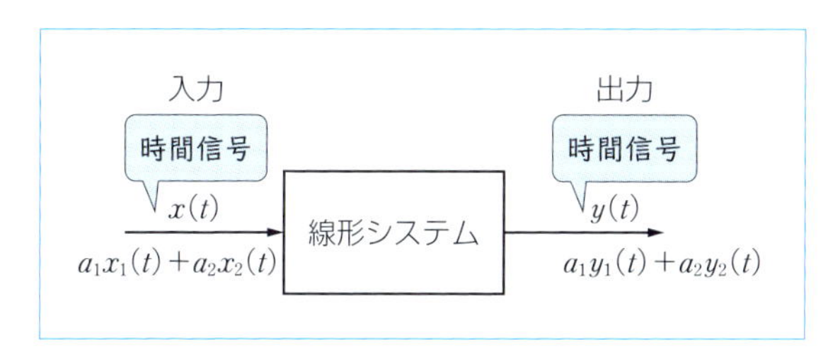

図 8・1　線形システムを調べてみる

る．この章ではそのようなシステムを解析する方法について考えていこう．

まず前提として，われわれが扱うシステムは線形であるとしておこう．線形であるとは，**重ね合わせの理**にこのシステムが従っているということである．すなわち入力信号 $x_1(t)$ に対する出力信号を $y_1(t)$，入力信号 $x_2(t)$ に対する出力信号を $y_2(t)$ とするとき，入力信号

$$a_1x_1(t)+a_2x_2(t)$$

に対して出力信号を

$$a_1y_1(t)+a_2y_2(t)$$

と表せることをいう（図 8·1）．

オーディオアンプは，音響信号を増幅し変換する線形なシステムの一種とみなせるだろう（**図 8·2**）．音量のつまみによって増幅度が変化し，音質（音色？）のつまみで周波数特性が変化する．「入力信号と出力信号がそれぞれ測定できるとき，それらからアンプの特性はどう表せるか」などというのは線形システム解析の一つの問題となる．この問題を解くためには，入出力の信号と線形システムがどのように関係づけられるかを知らなくてはならない．

もっとも，この例は少し単純すぎるかもしれない．もう少し複雑な問題として，たとえば音声認識はどうであろうか．音声認識とは，発せられた音声が何と言っているのかをコンピュータが認識する技術である．音声が発せられるとき，じつは音源である声帯の振動は一定である．では，いったいどのようにして人は音声を変えることができるかというと，その仕組みは，のどから唇に至る声道の

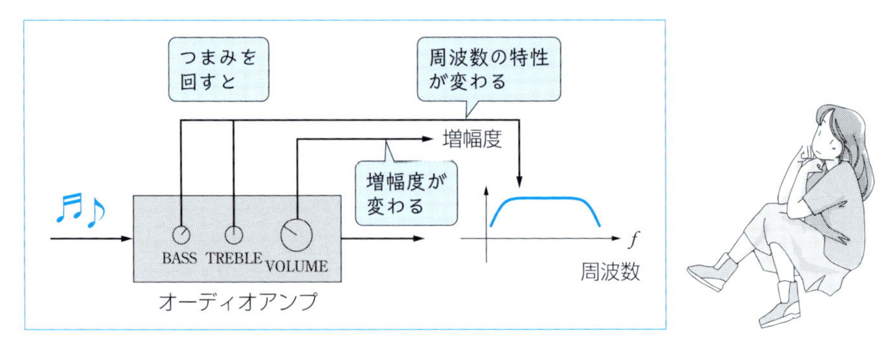

図 8・2　オーディオアンプも線形システム

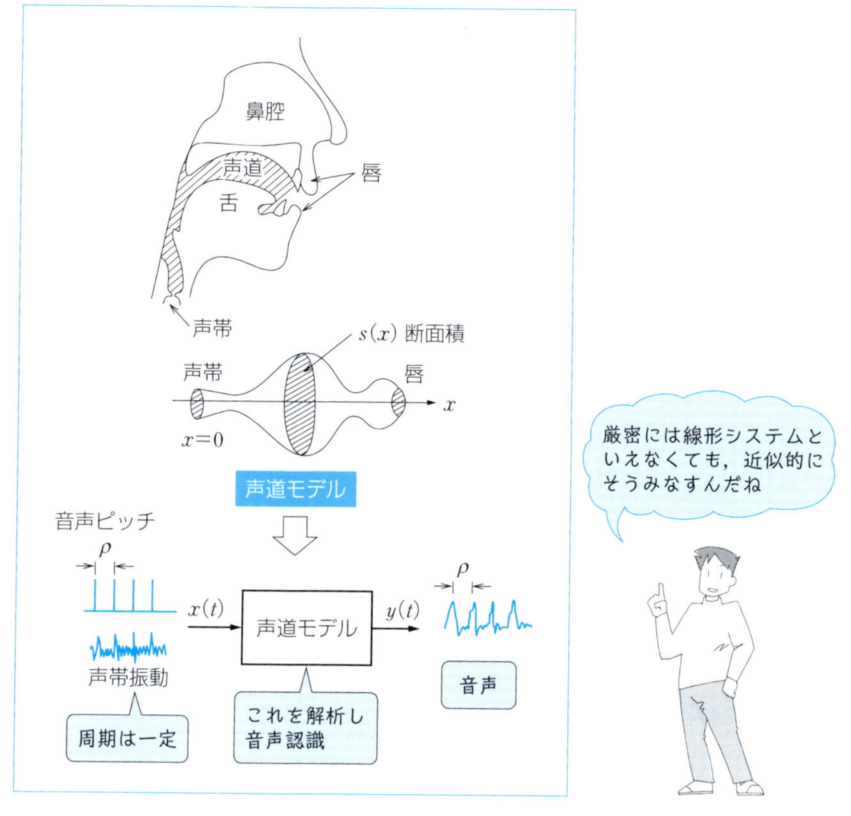

図 8・3 音声発生のモデル

形にある．一定の周期で振動する空気の波が，声道の断面積の変化によって声道の中で複雑に反射し，口から出るときはそれが音声として形づくられて発せられる（**図 8·3**）．したがって，声帯の振動の周波数と声道の形がわかれば，何という音声を発しようとしたのかも認識できるはずだ，というのがこの問題へのアプローチの一つとなるわけである．これはかなり高度なパターン認識の問題である．しかし，このような問題を解く場合も，実はその発声系の全体を線形システムとして図 8·1 のように描くところから解析が出発するのである．音声ばかりでなく，機械的振動の解析や電気信号の解析など，さまざまな物理系の解析も，いったん線形システムとして系が表現できれば，同じような解析方法で問題が解ける可能性がある．

8・2　入出力信号の関係

それでは，線形システムの入力信号と出力信号との関係はいったいどのように表せるのだろうか．少なくとも簡単な和や積の形では無理そうである．複雑な問題を解くときは，まずその対象を理解するところまで細かく分解するというのが，科学的なアプローチの原則であるので，ここでもまず入力信号を分解し，分解された部分のそれぞれに対する応答を見ることにしよう．

入力信号は**図 8·4** に見られるように，多数の細長い短冊状のパルス信号に分解できる．さて，対象とするシステムに，高さが1で幅が $\varDelta t$ の方形パルスが加わったとしよう．この入力信号を

$$\tilde{s}(t)=\begin{cases} 1: 0 \leqq t < \varDelta t \\ 0: \text{それ以外の区間} \end{cases}$$

と表しておく．そしてこの信号に対する応答が

$$\tilde{h}(t) \quad (t \geqq 0)$$

であったとする（**図 8·5**）．

さて，時刻 $t=t_0$ において高さが $x(t_0)$ で，幅が $\varDelta t$ の方形パルスをこのシステムに加えてみる（**図 8·6**）．すると，入力信号は $\tilde{s}(t-t_0)$ を $x(t_0)$ 倍したものであるので，線形システムの性質から，その出力信号もやはり $\tilde{h}(t-t_0)$ を $x(t_0)$

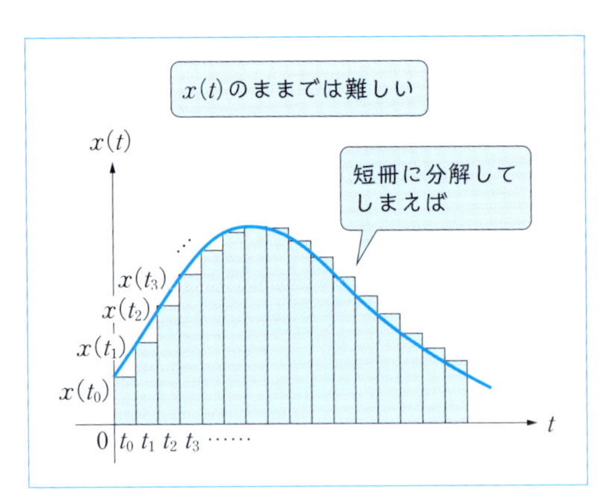

図 8・4　理解できるところまで細かく分解してみる

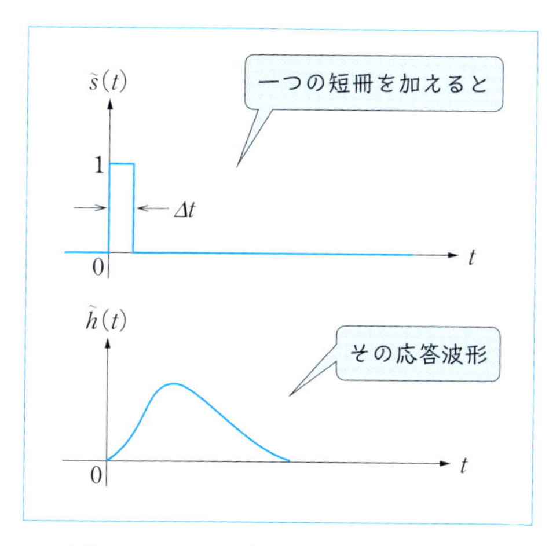

図 8・5　一つの短冊だけ考えてみると

倍したものとなり，$x(t_0)\,\tilde{h}(t-t_0)$ と表せる．次に，$t=t_1$ で高さ $x(t_1)$ の方形パルス信号が加わると，出力信号はどう表せるだろうか．入力信号は時刻が t_1 だけ遅れているのだから

$$x(t_1)\,\tilde{s}(t-t_1)$$

と表せる．また，出力信号も t_1 だけ遅れ，その大きさは $x(t_1)$ 倍となるから

$$x(t_1)\,\tilde{h}(t-t_1)$$

と表せる．このように考えていくと，t_1 以降 $t=t_2, t_3, \cdots$ でも同様であり，これらをまとめて書くと

t	入力	出力
t_0	$x(t_0)\tilde{s}(t-t_0)$	$x(t_0)\tilde{h}(t-t_0)$
t_1	$x(t_1)\tilde{s}(t-t_1)$	$x(t_1)\tilde{h}(t-t_1)$
t_2	$x(t_2)\tilde{s}(t-t_2)$	$x(t_2)\tilde{h}(t-t_2)$
t_3	$x(t_3)\tilde{s}(t-t_3)$	$x(t_3)\tilde{h}(t-t_3)$
⋮	⋮	⋮

となることがわかる（図 8·6）．したがって，入力側についていえば，入力信号はそれぞれの短冊の和として近似的に

$$x(t) \fallingdotseq \sum_{i=0}^{\infty} x(t_i)\,\tilde{s}(t-t_i) \qquad (8 \cdot 1)$$

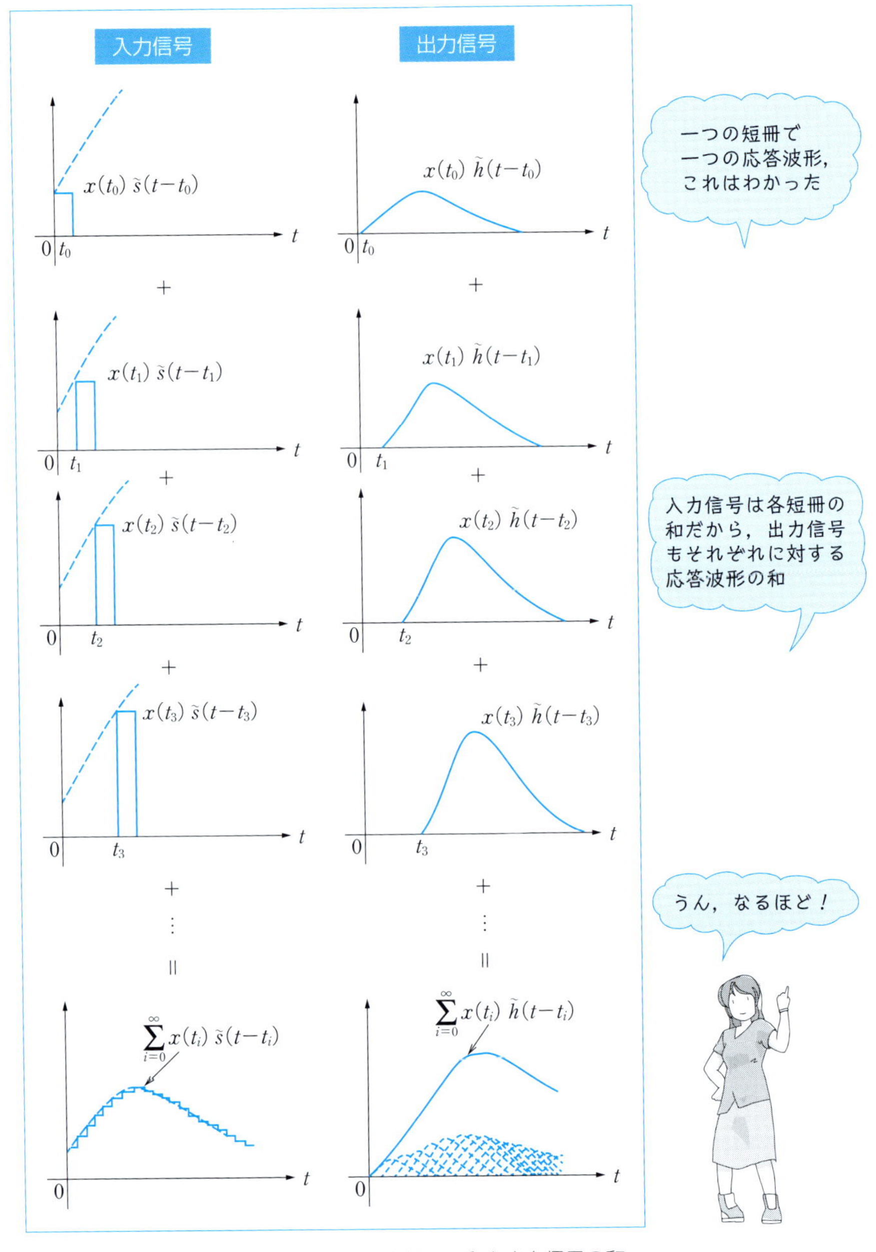

図 8・6　入力信号の和と出力信号の和

と表せることになる．

さて，線形システムの定義から，この系には重ね合わせの理が成立しているはずである．したがって，一つひとつの方形状の入力パルスに対するそれぞれの応答波形を加えたものが，結局，入力信号の全体に対する応答波形となる．つまり，出力側では応答波形 $y(t)$ は近似的に

$$y(t) \fallingdotseq \sum_{i=0}^{\infty} x(t_i)\,\tilde{h}(t-t_i) \qquad (8\cdot2)$$

と表せる．

ここで得られた応答波形の式は，入力信号を短冊状に分解した場合の応答であるので，連続信号に対する式は短冊の幅を無限小とすることによって得られる．これは積分の形で表される．積分の変数を t_i の代わりに τ とおいて

$$x(t_i) \to x(\tau) \qquad \tilde{h}(t-t_i) \to h(t-\tau)$$

という対応づけを行うと，入力 $x(t)$ に対するシステムの出力 $y(t)$ は結論的には

$$y(t) = \int_0^{\infty} x(\tau)\,h(t-\tau)\,d\tau \qquad (8\cdot3)$$

と表現できることがわかる．これが線形システムの入力と出力を関係づける重要な式というわけである．

積分を含むこの式には**畳み込み積分**，重畳積分，合成積，**コンボルーション**（convolution）などいくつかのよび方がある．畳み込み積分はしばしば記号 $*$ を使って簡単に

$$y(t) = x(t) * h(t) \qquad (8\cdot4)$$

のように書く．証明はしないが，$x(t)$ と $h(t)$ は交換しても同じで

$$y(t) = h(t) * x(t) \qquad (8\cdot5)$$

とも表せる．畳み込み積分の式（8･3）は相互相関関数の式（4･5）とは変数と符号が違うだけで，たいへんよく似ているが，式の意味は全く違うので注意しよう．

なお，離散時間信号に対する畳み込み積分は，式（8･2）において

$$x(t_i) \to x_i \qquad h(t-t_i) \to h_{n-i}$$

という対応づけを行うと

$$y_n=\sum_{i=0}^{\infty}x_i\cdot h_{n-i}=\sum_{i=0}^{\infty}x_{n-i}\cdot h_i \qquad (8\cdot6)$$

と表現できる．

8・3　インパルス応答

線形システムの入力 $x(t)$ と出力 $y(t)$ が畳み込み積分の形で表せることがわかったが，この式に現れた $h(t)$ については何も述べなかった．実はこの $h(t)$ こそが，われわれが解析したい線形システムを特徴づける関数である．この正体を考えてみよう．

畳み込み積分を導出する際に，高さ 1，幅 Δt の信号 $\tilde{s}(t)$ に対する応答を $\tilde{h}(t)$ とした．$\tilde{s}(t)$ は面積 Δt の方形パルスであるので $\tilde{s}(t)/\Delta t$ は面積 1 の方形パルスである．そしてここで $\Delta t\to 0$ とすると，これは明らかに

$$\lim_{\Delta t\to 0}\frac{\tilde{s}(t)}{\Delta t}=\delta(t)$$

とデルタ関数の定義そのものとなる（**図 8·7**）．したがって，$\delta(t)$ に対するシステムの応答は $\tilde{s}(t)$ の応答が $\tilde{h}(t)$ であることから

$$h(t)=\lim_{\Delta t\to 0}\frac{\tilde{h}(t)}{\Delta t}$$

と書ける．つまり，システムに単位インパルスを加えたときの応答が，このシステムを表す関数 $h(t)$ そのものなのである．このようなことから，$h(t)$ を**インパルス応答**とよんでいる（**図 8·8**）．

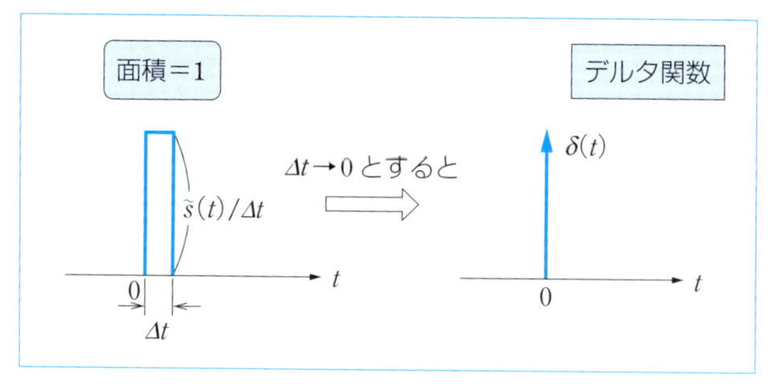

図 8・7　デルタ関数とは

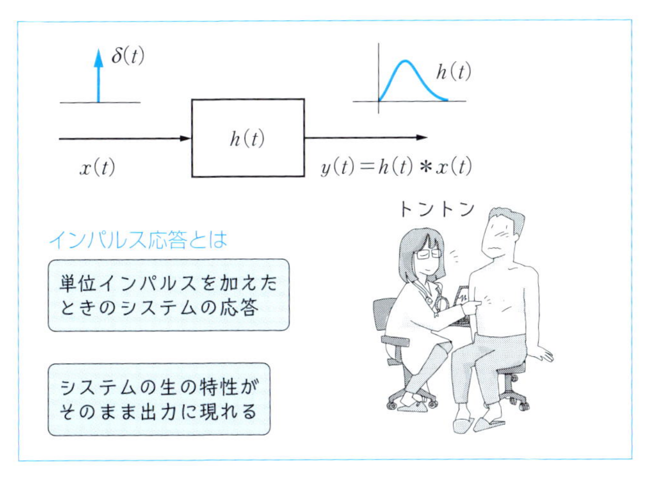

図 8・8　インパルス応答とは

インパルスを加え，その応答を見てシステムを解析することは，われわれが日常よく用いるシステム解析法である．たとえば，茶碗をコンとたたいてそれが割れていないかどうか調べたり，スイカをたたき，その音の良さで中身の具合を見たりするのがそれである．医者が患者の胸をトントンとたたいて診察するのも，結局は胸のインパルス応答を見ているわけである．

8・4　周波数領域でのシステムの表現

畳み込み積分は，線形システムの応答を時間領域で表現するものであった．それでは，周波数領域では入力と出力の関係はどのように表現されるのだろうか．入力信号 $x(t)$ および出力信号 $y(t)$ のフーリエ変換をそれぞれ

$$X(\omega)=\mathcal{F}\{x(t)\} \qquad Y(\omega)=\mathcal{F}\{y(t)\}$$

と表す．またインパルス応答 $h(t)$ のフーリエ変換を

$$H(\omega)=\mathcal{F}\{h(t)\}$$

とする．$H(\omega)$ はシステムの周波数特性を表すものであり，**システム関数**あるいは**伝達関数**とよばれる．さて，これらがいったいどのように関係づけられるのだろうか．まず結論から先に示すと

$$Y(\omega)=H(\omega)\cdot X(\omega) \tag{8・7}$$

となる．つまり，**時間領域で畳み込み積分として表現された線形システムの入出力の関係が，周波数領域では積の形で表現される**ということである（**図 8·9**）．この関係はたいへんに重要であり，フーリエ変換の一つの大事な性質としてよく覚えておこう．

さて，式 (8·7) が成立する理由を以下に示す．まず畳み込み積分の定義式

$$y(t)=h(t)*x(t)$$

の両辺をそれぞれフーリエ変換してみる．これは

$$\begin{aligned}Y(\omega)&=\mathcal{F}\{h(t)*x(t)\}\\&=\mathcal{F}\left\{\int_0^\infty h(\tau)x(t-\tau)d\tau\right\}\\&=\int_{-\infty}^\infty\left[\int_0^\infty h(\tau)x(t-\tau)d\tau\right]e^{-j\omega t}dt\end{aligned}$$

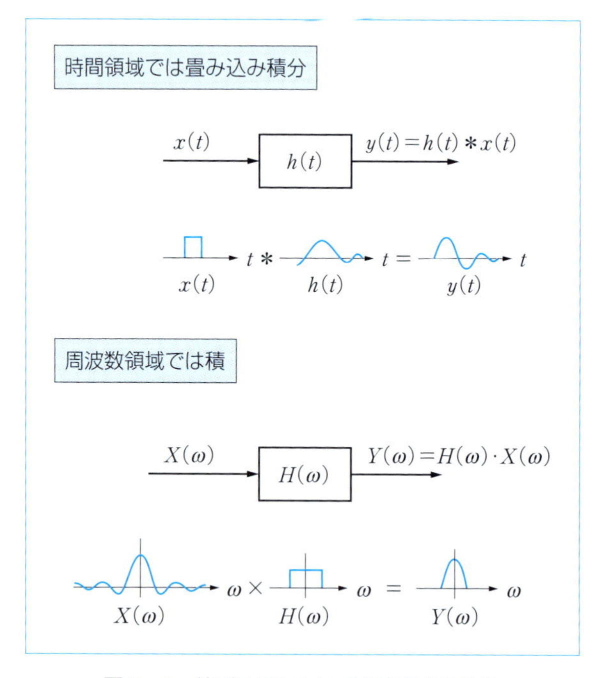

図 8・9 線形システムはどう表現されるか

となる．ここで積分の順序を変え，また τ の積分範囲も一般的に $[-\infty, \infty]$ と書き換える．すると

$$Y(\omega)=\int_{-\infty}^{\infty}h(\tau)\left[\int_{-\infty}^{\infty}x(t-\tau)e^{-j\omega t}dt\right]d\tau$$
$$=\int_{-\infty}^{\infty}h(\tau)\left[\int_{-\infty}^{\infty}x(t-\tau)e^{-j\omega(t-\tau)}dt\right]e^{-j\omega\tau}d\tau$$

となる．ここで $t-\tau=u$ とおくと，$dt=du$ だから

$$Y(\omega)=\int_{-\infty}^{\infty}h(\tau)\left[\int_{-\infty}^{\infty}x(u)e^{-j\omega u}du\right]e^{-j\omega\tau}d\tau$$

となる．この式のかっこ内は明らかに $X(\omega)$ となるので，結局

$$Y(\omega)=\int_{-\infty}^{\infty}h(\tau)\,X(\omega)e^{-j\omega\tau}d\tau$$
$$=X(\omega)\int_{-\infty}^{\infty}h(\tau)e^{-j\omega\tau}d\tau$$
$$=X(\omega)\cdot H(\omega)$$

が得られるわけである．$X(\omega)$ と $H(\omega)$ は交換可能だから

$$Y(\omega)=H(\omega)\cdot X(\omega)$$

でもある．したがって

$$\mathcal{F}\{h(t)*x(t)\}=H(\omega)\cdot X(\omega)$$

と，畳み込み積分のフーリエ変換が表せた．

ところで，デルタ関数のフーリエ変換は

$$\mathcal{F}\{\delta(t)\}=1$$

であったから，入力に単位インパルスを加えたときの応答のフーリエ変換が

$$Y(\omega)=H(\omega)$$

と，伝達関数そのものになることはインパルス応答の性質からもうなずけよう．

線形システムの周波数特性，つまり伝達関数を調べたいときは，インパルス応答 $h(t)$ をフーリエ変換する方法もあるが，正弦波を入力信号として使う方法もある．すなわち，正弦波入力信号の周波数を変化させながら，入力信号と出力信号の振幅の比を測っていくと，伝達関数の振幅スペクトルが得られ，また，入力信号に対する出力信号の位相差を見れば位相スペクトルがわかる．

また，白色雑音を使ってもシステムの振幅スペクトル（パワースペクトル）の特性が測定できる．なぜならば，伝達関数の振幅スペクトルは

$$|H(\omega)|=\frac{|Y(\omega)|}{|X(\omega)|}$$

と表せるが，白色雑音は前にも見たように，その振幅スペクトルはあらゆる周波数に対して一定であるので，これを入力信号とすると，$|X(\omega)|$ は ω に無関係な定数となり

$$|X(\omega)|=K$$

と表せる．したがって，白色雑音に対する出力信号の振幅スペクトル $|Y(\omega)|$ が

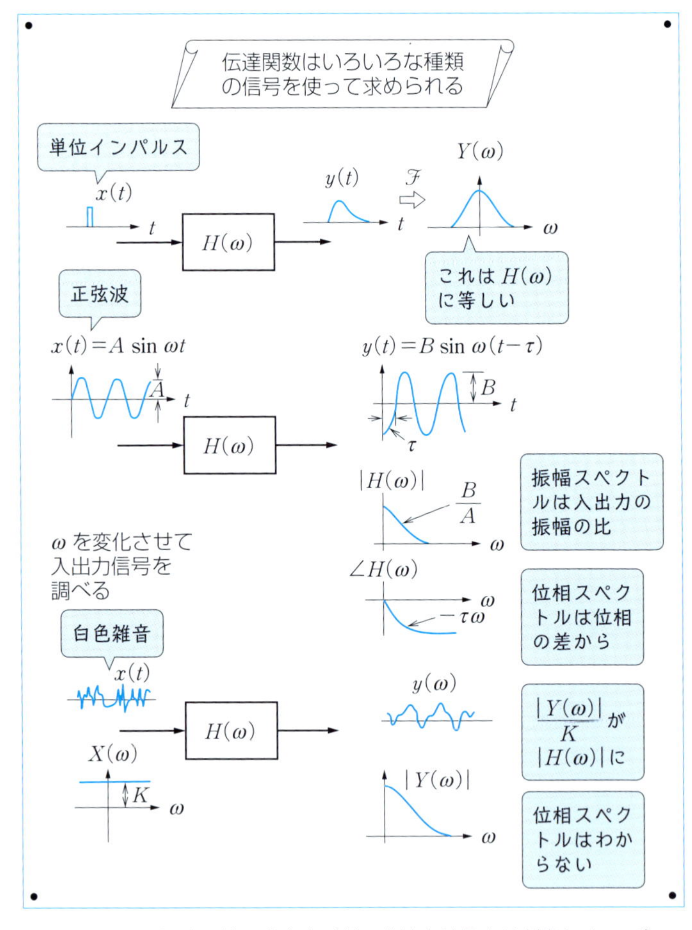

図 8・10　伝達関数の求め方（どの方法を使うかは対象によって）

測定できれば

$$|H(\omega)|=\frac{|Y(\omega)|}{K}$$

のように直接，伝達関数の振幅スペクトルが得られるわけである（**図 8・10**）.

本章のまとめ

1　入力と出力が線形な関係にあるシステムを線形システムという．システムの単位インパルスの入力に対する出力をインパルス応答という．

2　出力 $y(t)$ は入力 $x(t)$ とインパルス応答 $h(t)$ の畳み込み積分であり，以下のように表現される．

$$y(t)=x(t)*h(t)$$
$$=\int_0^{\infty}x(\tau)h(t-\tau)d\tau$$

3　時間領域で畳み込み積分として表現された入出力の関係は周波数領域では積で表される．つまり，入力信号，出力信号，システムのインパルス応答のフーリエ変換を，それぞれ $X(\omega)$，$Y(\omega)$，$H(\omega)$ とすると

$$Y(\omega)=H(\omega)\cdot X(\omega)$$

演習問題

1　インパルス応答が次の式で表される線形システムについて考える．

$$h(t)=\begin{cases}0 & (t<0,\ 1<t)\\ t & (0\leqq t\leqq 1)\end{cases}$$

この線形システムに以下のような方形パルスを入力した場合の出力 $y(t)$ を求めなさい．

$$x(t)=\begin{cases} 0 & (t<0,\ 1<t) \\ 1 & (0 \leqq t \leqq 1) \end{cases}$$

2　二つの信号 $f(t)$，$g(t)$ の積 $f(t)g(t)$ のフーリエ変換がそれぞれのフーリエ変換の畳み込み積分になることを示しなさい．

3　インパルス応答がそれぞれ $h_1(t)$ および $h_2(t)$ で表される二つの線形システムが直列に接続されたシステムがある．これに信号 $x(t)$ を入力したとき，その出力 $y(t)$ を時間領域および周波数領域でそれぞれ表しなさい．

9章

信号のスペクトル解析

9・1 スペクトル解析の具体例

この章では，実際の信号を用いてスペクトル解析を行うことから始めてみよう．**図 9·1** (a) は，モータを内蔵する小型機器の駆動音の波形である．この信号の周波数成分を調べてみることにする（なぜ調べるのかはもう少し読み進めるとわかるだろう）．それにはコンピュータなどで信号をサンプリングして DFT 処理を行う．ここで，サンプリング周波数は，近年のディジタル録音機器で一般的な 48 kHz とした．

では，DFT 区間についてはどうすればよいだろうか．信号の周波数成分を調べるのだから，DFT 区間の途中で信号の周波数成分が変わってしまうのは具合が悪そうである．その点，機器の駆動音は音楽信号の

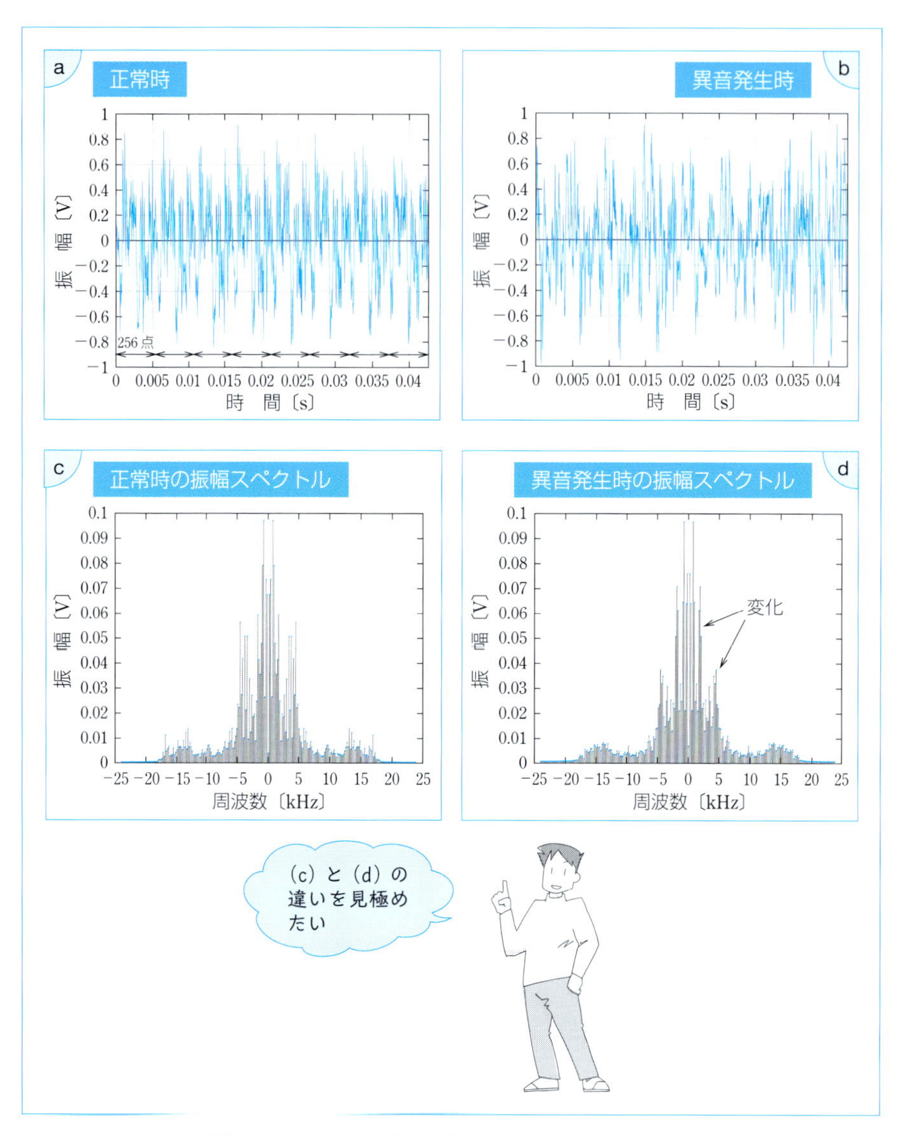

図9・1　モータ駆動音の信号波形と振幅スペクトル

ように短時間で周波数が刻々と変化するわけではないので，DFT区間は比較的自由に決めて構わない．

いま，サンプリング周波数を先に決めたので，DFT区間はDFTポイント数で考えることができる．DFTポイント数は周波数領域におけるサンプル数となるため，実際には周波数分解能をどのくらいにするのかで決めればよい．周波数分解能は必要以上に高くしても計算負荷を増やすだけなので，ここではDFTポイント数を256点としよう．そうすることで，±24 kHzの範囲を256分割して187.5 Hz間隔のスペクトルを観測できることになる．ただし，信号は雑音を伴うことが一般的であるので，その影響を減らすために，256点DFTの結果を8区間で加算平均した．その結果が図9·1 (c) である．

ところで，この機器はモータのカバー取付部が少し緩むと，がたついて異音を発生してしまう．そのときの信号波形と振幅スペクトルが図9·1 (b) と図9·1 (d) である．図9·1 (d) では，矢印の部分にスペクトルの変化が現れている．つまり，信号のスペクトルを観測して，そこに変化が現れれば機器の異常を発見することができるのである．もっとも，音に変化が現れる場合には耳で聞いただけでもわかるので，実際には音の変化が現れる前にその兆候を検出したい．そのような場合には，機器に振動センサを取り付け，振動の周波数を観測することで，より精度の高い検出を行うことができるだろう．

9・2　DFTの注意点

信号のスペクトルを観測することで機器の状態の変化を検出できることがわかった．さて，では求めたスペクトルははたしてどれくらい正確なデータなのだろうか．これを確かめるために，**図9·2** (a) に示すような周波数1 Hzの正弦波信号に64点DFTを施してみよう．DFTのサンプリング周波数を64 Hzにすると，ちょうど正弦波の1周期で64点のサンプルが得られる．

われわれは単一周波数信号の周波数スペクトル$F(\omega)$が，$[0, \pi]$の範囲で1本立ち，$[-\pi, 0]$の範囲に対称的にもう1本立つことをすでに学んだ (MEMO)．DFT処理を行った図9·2 (b) を見ると，まさにそのような線スペクトルになっている．さらに図9·2 (b) のスペクトルをIDFT処理すると図9·2 (c) のようになり，元の正弦波が再生できていることがわかる．

ところが，このように都合よく処理できることは実はまれである．普通は，DFTを使って周波数成分を調べようとする場合，対象となる信号が周期信号とは限らないし，仮に周期信号である場合でも，その周期を正確に知っていること

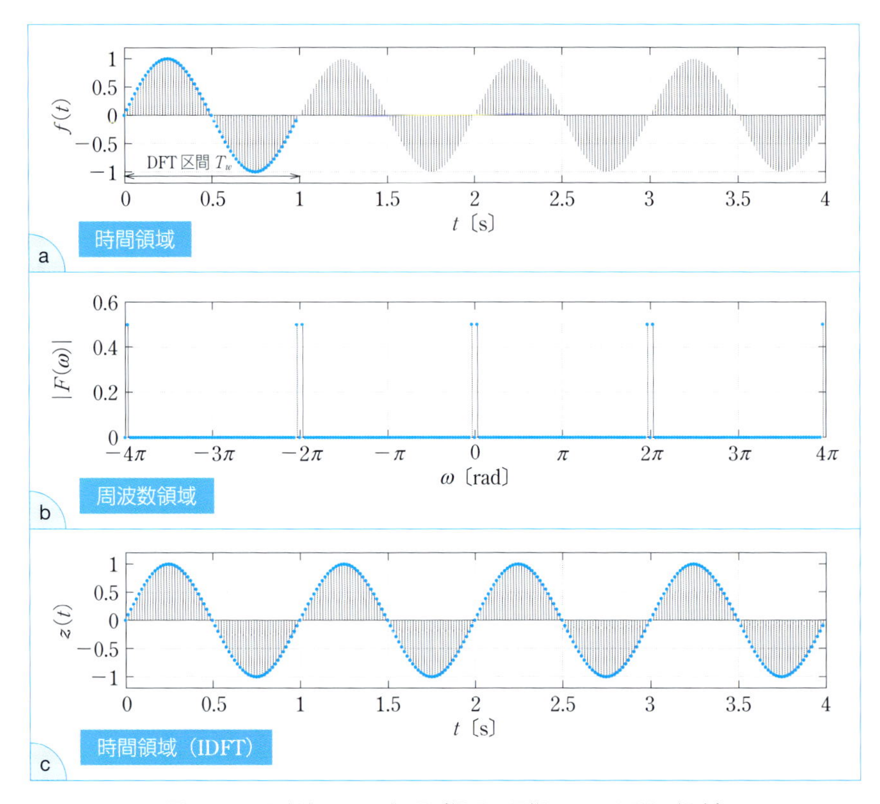

図 9・2 正弦波の DFT 処理（信号の周期＝DFT 区間の場合）

は少ないだろう．したがって，未知の信号に対して DFT を行うには，信号を適当な長さで切り出して処理することになる．しかし，切り出した区間が周期の整数倍になっているとは限らないのである．そこで，そのような場合の DFT の振る舞いをみてみよう．

同じ周波数 1 Hz の信号に対して，今度は**図 9･3** (a) に示すような区間で 64 点 DFT を行う．これは DFT のサンプリング周波数を 50 Hz にした場合である．すると DFT 後の図 9･3 (b) では，複数の線スペクトルが立っていることがわかる．これは一体どういうことだろうか．

試しに図 9･3 (b) のスペクトルを IDFT 処理してみると，図 9･3 (c) のようになる．これは，DFT が信号を $N=64$ で周期的であるとみなしているためであり，

MEMO　**正規化角周波数とは**

正弦波 $\sin\omega_0 t$ は，角周波数領域で $-\omega_0$ と ω_0 に線スペクトルが立つことを6章の演習問題で示したが，図9·2 (b) と図9·3 (b) では，横軸を角周波数〔rad/s〕ではなく**正規化角周波数**〔rad〕で表している．これは離散時間信号の性質により，そのほうがDFT区間の影響を比較するのに都合がよいからである．

たとえば，$\sin\omega_0 t$ と角周波数を 2π だけ大きくした $\sin(\omega_0+2\pi)t$ の二つの正弦波を考えると，$t=n$（nは整数）のときは

$$\sin(\omega_0+2\pi)n=\sin(\omega_0 n+2\pi n)=\sin\omega_0 n$$

となり同じ値をとることになる．これは，サンプリング周期を1秒にすると，角周波数 ω_0 と $\omega_0+2\pi$ の正弦波の離散時間信号は同一の信号となることを意味する．これが離散時間信号の性質である．正規化角周波数を用いると，この性質がうまく反映され，周波数領域で 2π ごとに同じスペクトルが現れるのである．図9·2 (b) や図9·3 (b) を見ると 2π ごとに同じスペクトルが現れていることがわかる．

すなわち，通常の角周波数が1秒当りの位相の変化量を表すのに対し，正規化角周波数は1サンプル当りの位相の変化量を表したものといえる．サンプリング周期が1秒の場合，1サンプル当りの位相の変化量は当然 ω_0 となる．角周波数 ω_0〔rad/s〕の信号を T_s 秒周期でサンプリングする場合には，信号の位相は1サンプル当り $\omega_0 T_s$〔rad〕変化するので，正規化角周波数は $\omega=\omega_0 T_s$〔rad〕と表せる．

図9·2の例に戻ると，周波数1 Hz（$=2\pi\times1$ rad/s）の正弦波を64 Hz（$T_s=1/64$ s）でサンプリングしているので，正規化角周波数は $2\pi/64$ rad となる．64点のDFTを施した周波数領域で考えると，±32 Hzの範囲に64点の周波数サンプルが現れるので，その間隔（**周波数分解能**）$\Delta\omega$ は $64/64=1$ Hz となる．したがって，図9·2 (b) では中央から右に1サンプル離れた周波数が1 Hzに相当し，そこに理論通りの線スペクトルが現れている．

一方，図9·3の例では同じ正弦波を50 Hz（$T_s=1/50$ s）でサンプリングしているので，正規化角周波数は $2\pi/50$ rad となる．64点のDFTを施した周波数領域で考えると，±25 Hzの範囲に64点の周波数サンプルが現れるので，周波数分解能 $\Delta\omega$ は $50/64=0.78125$ Hz となる．したがって，図9·3 (b) では中央から右に1サンプル離れた周波数は0.78125 Hzに相当する．この周波数で値をもつのは，矩形窓の影響によりスペクトルが広がりをもったためである．

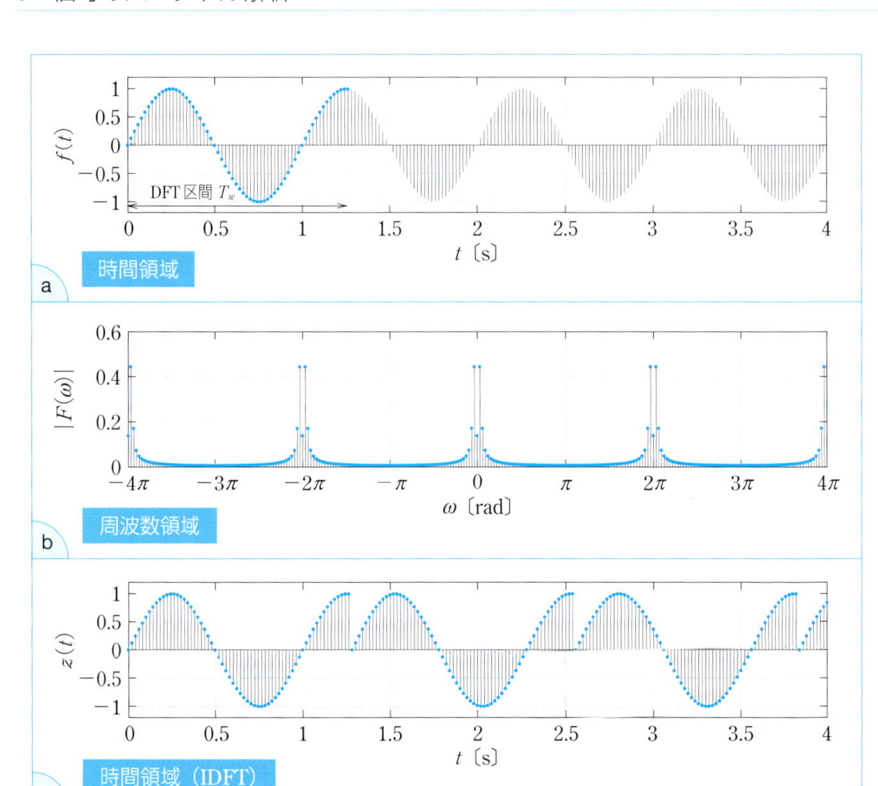

図 9・3 正弦波の DFT 処理（信号の周期≠DFT 区間の場合）

切り出した波形の両端の不連続性が，このようなスペクトルを生んでいるのである．これが DFT を行う上で注意すべき点である．つまり，せっかく求めたスペクトルは，信号の真のスペクトルとは異なっているのである．これを数式で考えてみよう．

信号 $f(t)$ を有限長 T_w で切り出すことは，$0 \leqq t \leqq (N-1)T_s$ の区間で 1 の値をもつ**矩形窓** (rectangular window) $w(t)$ を乗算することと等価である．信号と矩形窓の積 $w(t)f(t)$ のフーリエ変換は周波数領域での畳み込み積分となるため

$$Y(\omega) = \int_{-\pi}^{\pi} W(v)F(\omega - v)\,dv$$

のように書ける．いま，時間領域信号 $f(t)$ は，周波数 1 Hz の正弦波であるので，そのスペクトル $F(\omega)$ は $\omega_0 = \pm 2\pi \times 1$ rad/s のみで振幅をもつ．したがっ

て，畳み込み積分の結果は，$W(\omega-\omega_0)$ と $W(\omega+\omega_0)$ の和になる．矩形窓の振幅スペクトル $|W(\omega)|$ は**図9･4**で表されるが，$W(\omega)$ を $F(\omega)$ に畳み込んだ結果の振幅スペクトルは**図9･5**のようになる．これが有限長で切り出すことの影響である．もともとは線スペクトルであったものが，矩形窓のスペクトルを畳み込むことによって広がりをもってしまうのである．

DFTの場合には，周波数領域で $Y(\omega)$ が離散化されているため，図9･5は図9･3(b)のように表される．つまりDFT区間を T_w としたとき，$2\pi/T_w$ の整数倍の角周波数のみに線スペクトルが現れる．これは，$Y(\omega)$ に対して周波数領域

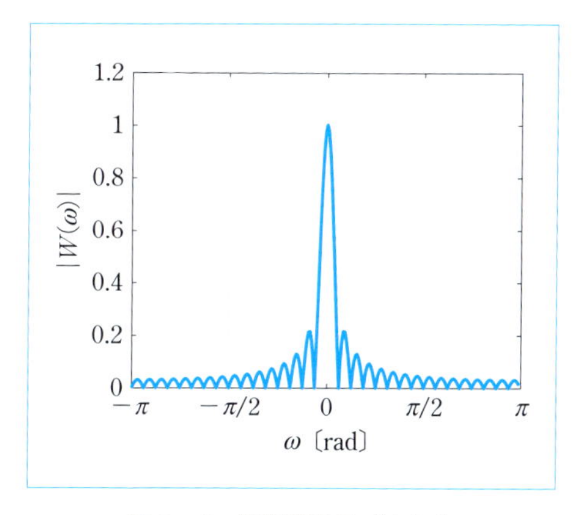

図9・4　矩形窓のスペクトル

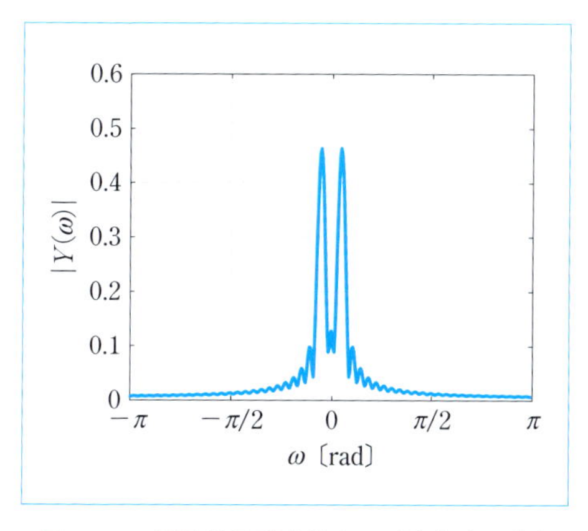

図9・5　畳み込み積分後のスペクトル $Y(\omega)$

のデルタ関数列

$$D(\omega)=\sum_{k=-\infty}^{\infty}\delta\left(\omega-\frac{2\pi k}{T_w}\right)$$

を掛けることと等価である．ここで，$D(\omega)$ の IDFT は

$$d(t)=T_w\sum_{k=-\infty}^{\infty}\delta(t-kT_w)$$

のように周期 T_w のデルタ関数列 $d(t)$ になる．したがって，周波数領域で離散化を行った（すなわち周波数領域でデルタ関数列を乗算した）結果，得られる時間領域信号 $z(t)$ は

$$\begin{aligned} z(t)&=\frac{1}{2\pi}\int_{-\infty}^{\infty}D(\omega)\,Y(\omega)\,e^{j\omega t}d\omega \\ &=\frac{T_w}{2\pi}\sum_{k=-\infty}^{\infty}w(t-kT_w)\,f(t-kT_w) \qquad (9\cdot 1) \end{aligned}$$

のようになる．式 (9·1) をみると，長さ T_w で $f(t)$ を切り出したにもかかわらず，$z(t)$ は周期をもっている．すなわち，切り出した長さ T_w の区間の外側には信号が存在しないのではなく，周期信号を仮定して解析していることになる．これが周波数領域で離散化していることの影響である．

図 9·3 (b) において，切り出した信号 $f(t)$ の振幅スペクトル $|F(\omega)|$ が，信号本来の振幅スペクトルと異なっているのは，矩形窓により広がりをもった影響といえる．したがって，DFT を使用したときに得られる振幅スペクトル $|F(\omega)|$ は，実際のものとは異なっていることに注意する必要がある．実は図 9·2 (b) でも，同様にスペクトルが広がっているはずなのだが，$2\pi/T_w$ の整数倍の角周波数での値が 0 であるため，その影響が見えていないだけである．

9・3　窓関数を用いた DFT

本章で最初に取り上げた例のように，スペクトル解析の目的が信号の変化を検出することにあるならば，矩形窓でも大きな問題はない．しかし，信号の正確なスペクトルを知りたい場合には，信号を有限長で切り出す影響を軽減する必要がある．その場合には，矩形窓以外の**窓関数**を用いるのがよい．このとき，対象区間の両端の振幅が小さくなるような窓関数を用いると，対象区間が周期的に繰り

返されていると仮定したときの不連続性を減少させることができる．しかし，窓関数を掛けるので信号波形は変化しており，スペクトルは真のものとは異なってしまう．したがって，その差異が小さくなるような窓関数を用いるのが望ましい．窓関数は目的に応じてさまざまな種類が考案されているが，代表的なものは以下の通りである．

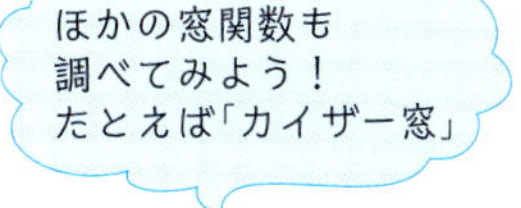

- 矩形窓

$$w(t)=1 \quad (0 \leqq t \leqq T_0)$$

- ハニング窓

$$w(t)=0.5-0.5\cos 2\pi t \quad (0 \leqq t \leqq T_w)$$

- ハミング窓

$$w(t)=0.54-0.46\cos 2\pi t \quad (0 \leqq t \leqq T_w)$$

- ブラックマン窓

$$w(t)=0.42-0.5\cos 2\pi t+0.08\cos 4\pi t \quad (0 \leqq t \leqq T_w)$$

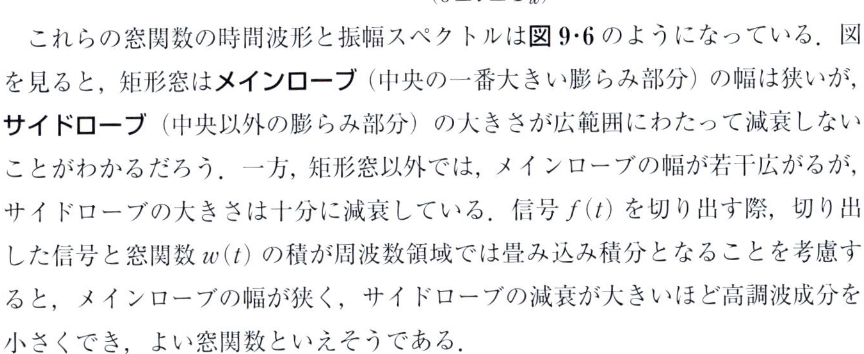

これらの窓関数の時間波形と振幅スペクトルは**図9･6**のようになっている．図を見ると，矩形窓は**メインローブ**（中央の一番大きい膨らみ部分）の幅は狭いが，**サイドローブ**（中央以外の膨らみ部分）の大きさが広範囲にわたって減衰しないことがわかるだろう．一方，矩形窓以外では，メインローブの幅が若干広がるが，サイドローブの大きさは十分に減衰している．信号 $f(t)$ を切り出す際，切り出した信号と窓関数 $w(t)$ の積が周波数領域では畳み込み積分となることを考慮すると，メインローブの幅が狭く，サイドローブの減衰が大きいほど高調波成分を小さくでき，よい窓関数といえそうである．

例として，よく用いられる窓関数の一つである**ハニング窓**（Hanning window）について考えてみよう．切り出した離散時間信号を f_n（$n=0, 1, \cdots, N-1$），対応する時間幅の離散時間窓関数を w_n とおくと，窓関数乗算後の信号のスペクトル $\hat{F}_k$ は

$$\hat{F}_k=\frac{1}{N}\sum_{n=0}^{N-1} w_n f_n e^{-j\frac{2\pi kn}{N}} \tag{9・2}$$

と書ける．離散時間のハニング窓は

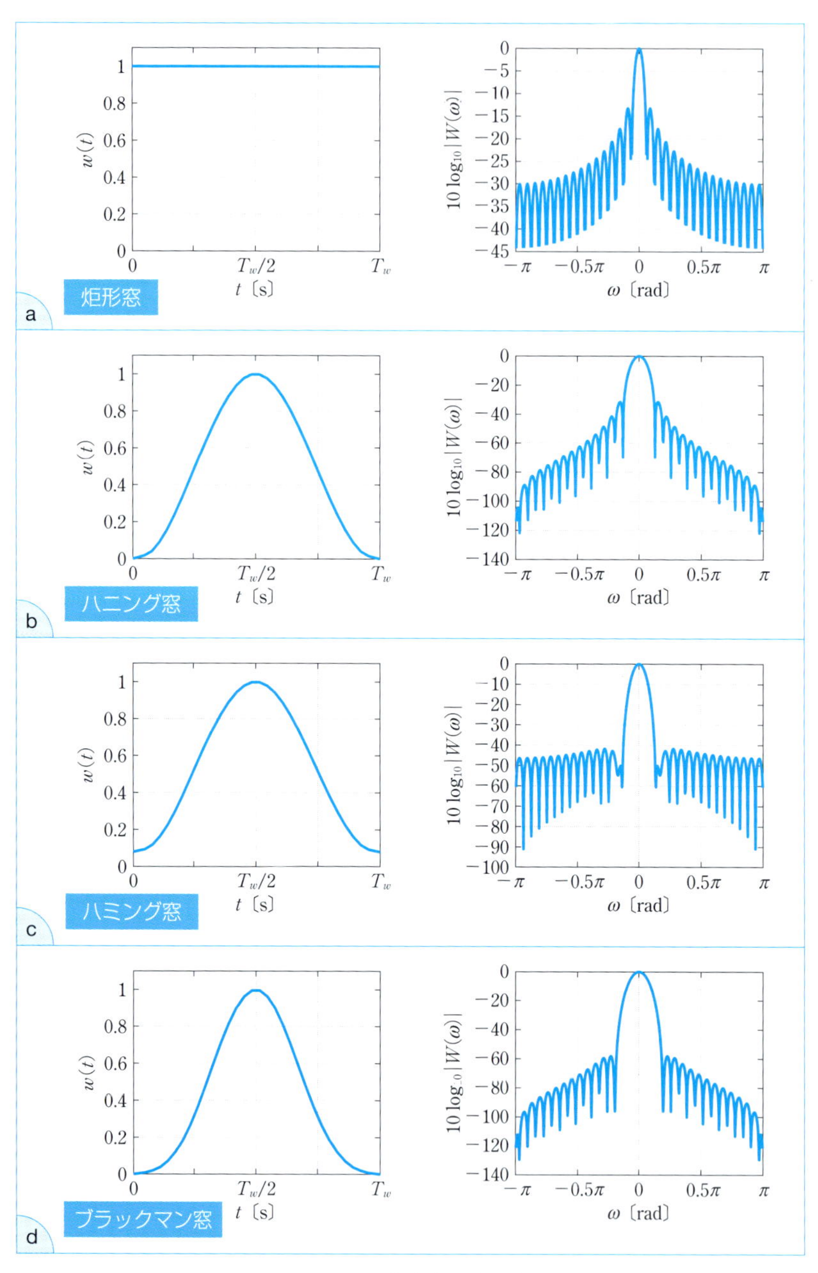
a
矩形窓
b
ハニング窓
c
ハミング窓
d
ブラックマン窓
w(t)
t〔s〕
0
Tw/2
Tw
10 log10|W(ω)|
ω〔rad〕
−π
−0.5π
0.5π
π

図 9・6 代表的な窓関数

$$w_n=\frac{1}{2}\left\{1-\cos\left(\frac{2\pi}{N}n\right)\right\},\quad (0\leqq n\leqq N-1) \tag{9・3}$$

と書けるので，周波数スペクトル W_k は，式 (9·3) をDFTした結果

$$W_k=\begin{cases}\dfrac{1}{2} & (k=0)\\ -\dfrac{1}{4} & (k=1,\ N-1)\\ 0 & (k=2,\ \cdots,\ N-2)\end{cases} \tag{9・4}$$

のように三つの値のみをとる．式 (9·2) を見ると，時間領域で w_n と f_n を乗算しているので，周波数領域ではそれぞれのスペクトル W_k と F_k の畳み込み積分になる．その結果，信号のスペクトル $\hat{F}_k$ は隣接周波数に広がることになる．

ハニング窓を用いた場合の影響を**図9·7**に示す．ハニング窓は，メインローブが矩形窓よりも広いため，矩形窓で切り出した場合の図9·3と比較すると，信号がもともともつ周波数成分付近では比較的大きな値となるが，周辺のスペクトルは十分に減衰している．スペクトルの広がり方は，窓関数の種類によって異なるが，ハニング窓は比較的優れた特性をもつのでよく用いられる．

〔1〕 ハニング窓の振幅補正

ところで，矩形窓以外の窓関数を用いると，高調波成分の振幅を抑えられるが，時間領域で切り出した信号の両端を0に近づけているため，信号の振幅も全体的に小さくなってしまう．図9·7 (c) の時間波形をみるとDFT区間 T_w を周期として波形が連続的につながっているようすが確認できるが，正の部分の振幅値が小さくなってしまっている．このままでは求めたスペクトルの値も実際のものより小さくなってしまうため，スペクトルを計算する際には振幅の補正が必要となる．それでは，窓関数を掛けた場合にはどれだけ振幅が小さくなるのであろうか．これは窓関数の面積比から求められる．

面積の比を求めるだけなら窓長はなんでもよいので，ここでは窓の長さを1として計算してみよう．矩形窓の振幅は常に1なので，面積 A_r は1となる．一方，窓長1のハニング窓は

$$w(t)=\frac{1}{2}(1-\cos 2\pi t),\quad (0\leqq t\leqq 1)$$

と書けるので，ハニング窓の面積 A_h は

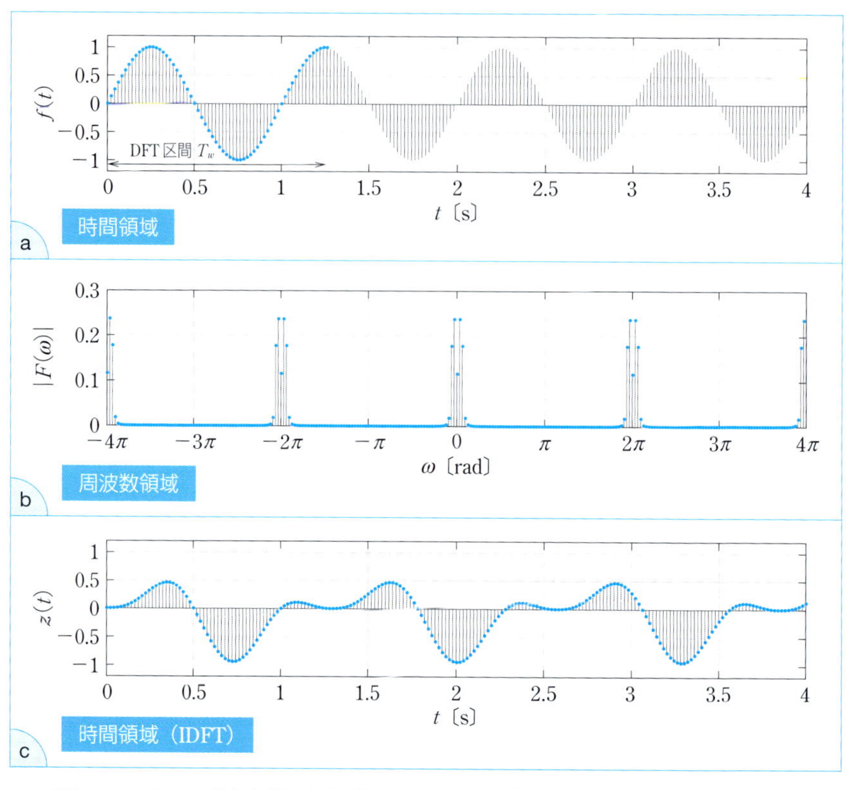

図 9・7　ハニング窓を用いた正弦波の DFT 処理（信号の周期≠DFT 区間の場合）

$$A_h=\int_0^1 w(t)\,dt=\int_0^1 \frac{1}{2}(1-\cos 2\pi t)\,dt$$

$$=\frac{1}{2}\left[t-\frac{1}{2\pi}\sin 2\pi t\right]_0^1=\frac{1}{2}$$

と求まる．よって，振幅補正の係数 R_a は

$$R_a=\frac{A_h}{A_r}=\frac{1}{2} \qquad (9\cdot5)$$

となる．つまりハニング窓を用いると振幅が0.5倍になるので，振幅スペクトルの計算時には2倍して補正する必要があるのである．

この補正は，窓関数の乗算時に行ってもよいし，振幅スペクトルの計算後に行っても同じである．図9·7(b)はこの補正を行っていないため，図9·3(b)と比べると振幅スペクトルのピーク値が半分になっている．したがって実際には，図9·7(b)の値を2倍する必要がある．

〔2〕　ハニング窓の電力補正

では，電力への影響はどうであろうか．先ほどと同じように窓の長さを1として計算すると，矩形窓の電力 P_r は1である．一方，ハニング窓の電力 P_h は

$$
\begin{aligned}
P_h &= \int_0^1 w^2(t)\,dt \\
&= \int_0^1 \left\{ \frac{1}{2}(1-\cos 2\pi t) \right\}^2 dt \\
&= \frac{1}{4}\int_0^1 (1-2\cos 2\pi t+\cos^2(2\pi t))\,dt \\
&= \frac{1}{4}\int_0^1 \left(1-2\cos 2\pi t+\frac{1}{2}+\frac{1}{2}\cos 4\pi t\right) dt \\
&= \frac{1}{4}\left[\frac{3}{2}t-\frac{2}{2\pi}\sin 2\pi t+\frac{1}{8\pi}\sin 4\pi t \right]_0^1 \\
&= \frac{1}{4}\cdot\frac{3}{2}=\frac{3}{8}
\end{aligned}
$$

となる．したがって，電力補正の係数 R_p は

$$R_p=\frac{P_h}{P_r}=\frac{3}{8}=0.375 \qquad (9\cdot 6)$$

となる．したがって，パワースペクトルの計算時に0.375で割れば補正できることになる．

〔3〕　ハニング窓の等価雑音帯域幅補正

パワースペクトルに対するハニング窓の影響を補正するには，パワースペクトルを補正係数（0.375）で割ればよいことがわかった．しかし，振幅補正済みのDFTの結果を使ってパワースペクトルを計算したのであれば，この値は使えない．その場合に必要な補正量は R_p/R_a^2 となり，ハニング窓の場合は，$R_p/R_a^2=1.5$ である．つまり振幅補正後にパワース

ペクトルを求めた場合には，パワースペクトルを1.5で割って補正する必要があるのである．このように，振幅を補正した後に，さらに必要になる補正は何を意味するのであろうか．

実は，DFTというのはナイキスト周波数以下の帯域を$N/2$等分して各帯域（周波数ビンと呼ぶことがある）ごとにフィルタリングを行う並列フィルタと考えることができる．正弦波のような単一周波数の場合には周波数成分が集中しているため，さほど問題とならないが，雑音のように広帯域にわたって電力成分が存在する信号の場合，窓関数によるスペクトルの広がりは隣接帯域へ電力を拡散することになり，各周波数ビンで電力を増加させてしまう．しかし，実際には雑音電力は変わっていないため，この増加分を考えて等価的に考える帯域幅のことを**等価雑音帯域幅**（equivalent noise bandwidth）と呼ぶ．矩形窓の等価雑音帯域幅は，周波数スペクトルのサンプル間隔（周波数分解能）に等しいが，ハニング窓を用いる場合には，この間隔が1.5倍に広がっていると考えて補正すると電力が等価になるのである．これを考慮した補正が等価雑音帯域幅補正である．等価雑音帯域幅の補正係数R_bは

$$R_b = \frac{R_p}{R_a^2}$$

であり，ハニング窓の場合は，式(9･5)，式(9･6)を代入すると

$$R_b = \frac{R_p}{R_a^2} = \frac{3}{2} = 1.5 \tag{9・7}$$

となる．

本章のまとめ

1　任意の信号のスペクトル解析を行うには，信号を有限区間で切り出してDFT処理を行う．その際，切り出した区間の長さに応じて，求めた周波数スペクトルは影響を受けており，真のスペクトルとは異なっている．

2　周波数領域で離散化を行うDFTは，非周期信号であっても信号を切り出した区間を周期とする周期信号であるとみなして処理を行っている．

3　有限区間で切り出す影響を軽減するには窓関数を用いる．

4　窓関数は信号の波形を変化させるので，求めるスペクトルに応じて振幅補正，電力補正，等価雑音帯域幅補正が必要になる．

演習問題

1　周波数 1 Hz の正弦波をサンプリング周波数 50 Hz で 32 ポイント DFT を行った場合，正弦波の正規化角周波数と DFT 後のスペクトルの周波数分解能を求めなさい．

2　周期 T_0 をもつデルタ関数列

$$\delta_s(t)=\sum_{n=-\infty}^{\infty}\delta(t-nT_0)$$

は周期信号であるが，周期関数とみなさなずに DFT を行った場合の結果を求めなさい．

3　ハミング窓を用いる場合の振幅補正，電力補正，等価雑音帯域幅補正の各係数を求めなさい．

10章 ディジタルフィルタ

10・1　フィルタとは

フィルタとは，一般的には不要なものを除去する（あるいは必要なもののみを取り出す）装置や機能を意味し，空気清浄機やコーヒーメーカーのフィルタのように不要なものをろ過したり，メールソフトにおけるスパムフィルタのように一定の条件に基づいてデータを選別したりする．では，信号処理におけるフィルタの役割は何であろうか．信号処理におけるフィルタは，**信号の周波数特性を操作するものであり，信号の不要な周波数成分を除去したり減衰させたりして，必要な周波数成分のみからなる信号を得る処理**のことである．そして本章で扱うディジタルフィルタとは，これを離散時間信号に対して実現するものである．実はこれまでの章でもフィルタと呼べるものを扱っていた．まずは，2 章の最初で扱った移動平均を思い出してみよう．

移動平均は，式 (2·1) や式 (2·2) のような形で表せたが，ここでは i 番目の出力 y_i が，過去 K サンプル分の入力データ f_i の平均値となるよう次式のように表す．

$$y_i = \frac{1}{K}\sum_{j=0}^{K-1} f_{i-j} \tag{10・1}$$

式 (10･1) は

$$y_i = \sum_{j=0}^{K-1} \frac{1}{K} f_{i-j}$$

とも書ける．ここで

$$h_0 = h_1 = h_2 = \cdots = h_{K-1} = \frac{1}{K} \tag{10・2}$$

のような変数を定義すると，式 (10･1) は

$$y_i = \sum_{j=0}^{K-1} h_j \cdot f_{i-j} = \sum_{j=0}^{K-1} h_{i-j} \cdot f_j \tag{10・3}$$

のように書ける．この式の形に見覚えがあるだろうか．これは，式 (8･6) と同じ畳み込み積分である．

では，これを周波数領域で考えてみよう．式 (10･2) は**図 10･1** に示すようなデルタ関数列によって表される離散的な矩形窓である．矩形窓の振幅スペクトル $|H(\omega)|$ は，9 章で図 9･4 のように表されることを学んだ．時間領域での畳み込み積分は周波数領域での積であるため，移動平均後のスペクトルは，信号のスペ

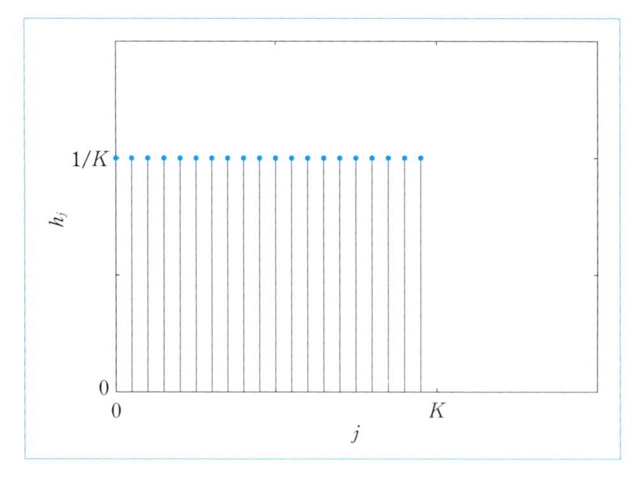

図 10・1　離散矩形窓

クトル $F(\omega)$ に $H(\omega)$ を乗算したものとなる．周波数領域における $H(\omega)$ の乗算は，図 9·4 より低域周波数を通過させ高域周波数を大きく減衰させることになる．したがって，図 9·4 は低域通過フィルタ（LPF：low pass filter）の特性をもっているということができる．以上より，移動平均とは信号を式 (10·2) のインパルス応答をもつフィルタで処理していることと等価なのである．このとき，周波数領域の $H(\omega)$ を**フィルタの伝達関数**と呼び，入力信号の周波数スペクトル $F(\omega)$ とフィルタ出力信号の周波数スペクトル $Y(\omega)$ との間には

$$Y(\omega)=H(\omega)\cdot F(\omega) \tag{10・4}$$

なる関係が成立する．

10・2　FIR フィルタと IIR フィルタ

このようにフィルタは，周波数領域の伝達関数 $H(\omega)$ によって定義されるのが普通である．$H(\omega)$ の特性をもつフィルタの実現方法として，入力時間信号 $f(t)$ をいったん DFT 処理して周波数スペクトル $F(\omega)$ を得て，式 (10·4) により $Y(\omega)$ を算出し，さらにそれを IDFT 処理してフィルタ出力の時間領域信号 $y(t)$ を得るというやり方も原理的には可能である．しかし，この処理では 9 章で説明したように時間信号に戻したときに，信号の打ち切りによる不連続性の影響が生じてしまうし，フーリエ変換を 2 回行う必要があるため計算量も多くなる．そこで，普通はフィルタのインパルス応答を時間領域で畳み込み積分してフィルタリング処理を行う．このような処理を装置としてどのように実現すればよいだろうか．

再び移動平均の例に戻ろう．式 (10·3) は，**図 10·2** のような構成で実現できる．図中のブロック D は離散入力信号の値を 1 サンプル時間分保持してから出力する遅延素子を表している．このように，有限長のインパルス応答（この場合は $j=0, 1, 2, \cdots, K-1$）を実現するフィルタを **FIR**（**finite impulse response**）**フィルタ**とよぶ．

これに対して**図 10·3** に示すように

$$y_i=f_i-\sum_{j=0}^{K-1}h_j y_{i-j} \tag{10・5}$$

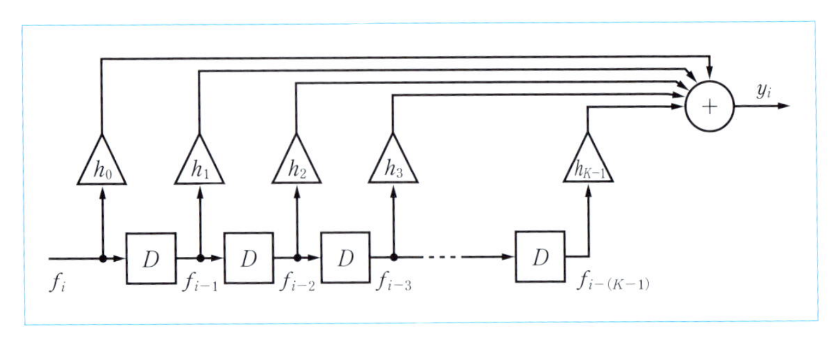

図 10・2 FIR フィルタの構成

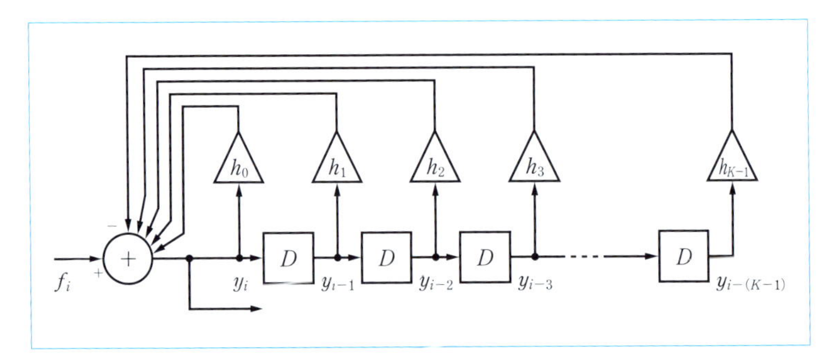

図 10・3 IIR フィルタの構成例

のような構造を含んで実現するフィルタもある．図 10·2 では最初の入力信号サンプル f_0 が，f_{K-1} の入力時点までしか出力に影響を及ぼさないのに対し，図 10·3 ではフィルタ出力 y_i が入力にフィードバックされるので，出力に対する f_0 の影響は入力信号が続く限り残る．つまり無限長のインパルス応答を実現できるのである．このようなフィルタの構成を **IIR**（**infinite impulse response**）**フィルタ**とよぶ．フィードバックを含むので設計によっては動作が不安定になることがあるが，FIR フィルタより少ない**タップ数**（信号の引出分岐線の数）で実現できるという特徴をもっている．

10・3　FIRフィルタの設計

〔1〕 LPFの設計法

代表的なフィルタの形式としては，次の3種類がある．

・低域通過フィルタ（LPF：low pass filter）

・高域通過フィルタ（HPF：high pass filter）

・帯域通過フィルタ（BPF：band pass filter）

読んで字のごとくLPFは信号の低域周波数成分，HPFは信号の高域周波数成分，BPFは信号の一部の周波数帯域の成分のみを通過させるフィルタである．

手始めに，**図10・4**に示す理想の特性をもつLPFを実現することを考えてみよう．理想LPFでは，**カットオフ周波数**ω_cを境に，信号の低域周波数成分を通して高域周波数成分を阻止する特性をもっている．ただし，以降のフィルタの設計では周波数をすべて正規化角周波数（9章の【MEMO】）で扱う．そのため，伝達関数も角周波数軸上で2πを周期として繰返しをもつことに注意して欲しい．

さて，設計しようとするLPFのインパルス応答$h_L(t)$は伝達関数$H_L(\omega)$をフーリエ逆変換すれば求められる．伝達関数$H_L(\omega)$の離散信号へのフーリエ逆変換は

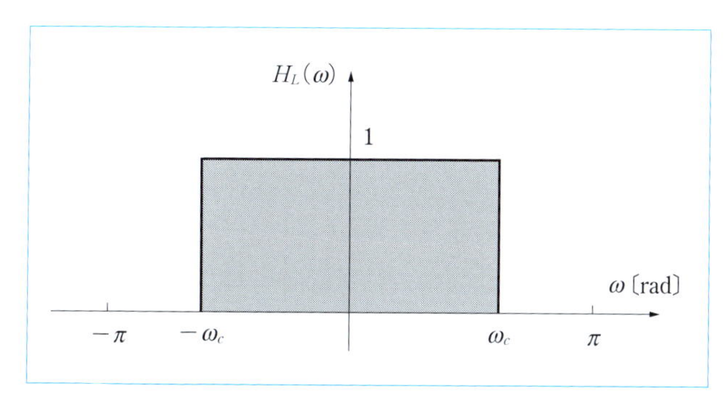

図10・4　理想LPFの周波数伝達関数

$$h_L(iT_s)=\frac{1}{2\pi}\int_{-\pi/T_s}^{\pi/T_s}H_L(\omega)e^{j\omega iT_s}d\omega,$$

$$(i=0,\ \pm1,\ \pm2,\ \cdots)$$

と表せるが，角周波数を正規化して考えるので $T_s=1$ とすると

$$h_{L_i}=\frac{1}{2\pi}\int_{-\pi}^{\pi}H_L(\omega)e^{j\omega i}d\omega \qquad (10 \cdot 6)$$

となる．いま，$-\pi<\omega<\pi$ の範囲で

$$H_L(\omega)=\begin{cases}1, & -\omega_c<\omega<\omega_c\\ 0, & \text{それ以外}\end{cases}$$

であるので，式 (10･6) は

$$h_{L_i}=\frac{1}{2\pi}\int_{-\pi}^{\pi}H_L(\omega)e^{j\omega i}d\omega$$

$$=\frac{1}{2\pi}\left[\frac{1}{ji}e^{j\omega i}\right]_{-\omega_c}^{\omega_c}$$

$$=\frac{1}{j2\pi i}\{e^{j\omega_c i}-e^{-j\omega_c i}\} \qquad (10 \cdot 7)$$

のように書ける．ここで，オイラーの公式（p.77 の MEMO）を用いると，式 (10･7) は最終的に

$$h_{L_i}=\frac{1}{\pi i}\sin(\omega_c i) \qquad (10 \cdot 8)$$

と書ける．

例として，$\omega_c=0.5\pi$ を考えると，h_{L_i} は**図 10･5** のように表せる．ただし，h_{L_i} は $i\to\infty$ でも値をもつので，FIR フィルタを実現するには有限項で打ち切る必要がある．いま，$i=\pm5$ までの範囲で打ち切るとすると，これは h_{L_i} に図 10･5 のような矩形窓をかけることと等化である．ただし，このように h_{L_i} を有限項で打ち切ると，その周波数伝達特性 $|H_L(\omega)|$ は**図 10･6** のようにリップルを含むようになる．これは 5 章で説明したギブス現象であり，打ち切りによって h_{L_i} に不連続点が生じるためである．

ところで，この h_{L_i} を式 (10･3) に代入し，$i=0$ で値をもつインパルスを入力

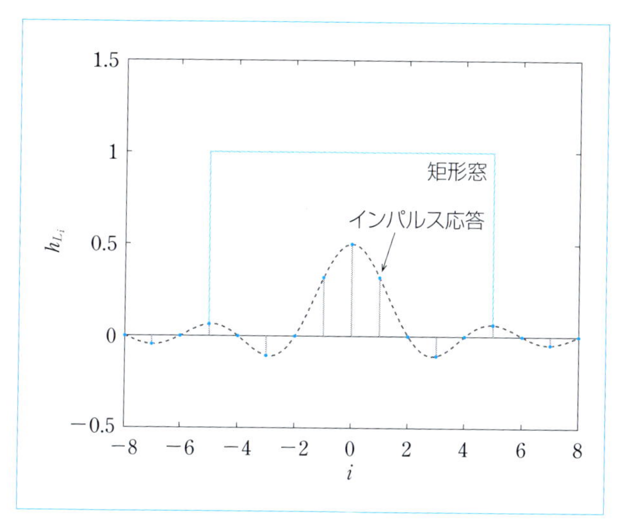

図 10・5　理想 LPF のインパルス応答と矩形窓

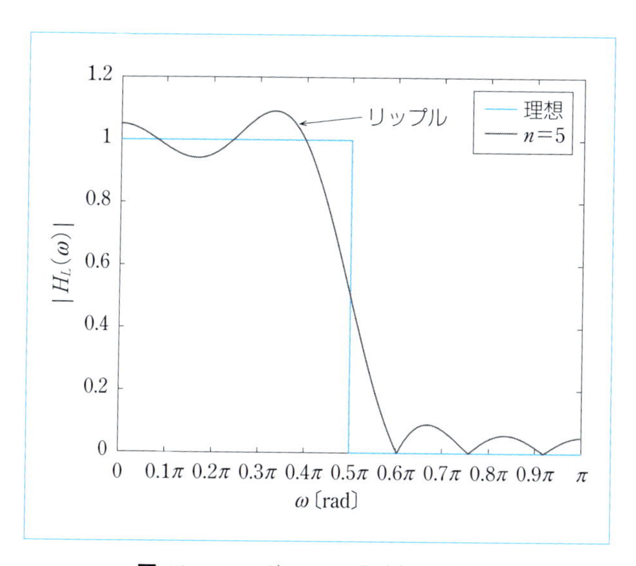

図 10・6　10 次 LPF の周波数伝達特性

すると y_i は $i<0$ でも値をもつことになってしまう．これでは時間の因果律を満たさない（信号が入力される前に出力がでることになる）ので，普通は h_{L_i} を**図10･7** のように平行移動して h_{L_i} が $i \geqq 0$ のところでのみ値をもつようにする．このような h_{L_i} を**フィルタのタップ係数**にすると LPF が構成できるのである．

h_{L_i} を打ち切る範囲を $i=\pm n$ とすると，h_{L_i} は $2n+1$ 個の値をもつ．このとき，図10･7 のように平行移動して LPF を構成すると，出力信号は過去 $N=2n$ 分の入力サンプルの影響を受けることになる．ここで N を**フィルタの次数**という．次数 N を大きくしていくと，**図10･8** のように，より急峻なフィルタの特性を得ることができる．ただし，ギブス現象が消えるわけではないため，この影響を少なくするためにはインパルス応答 h_{L_i} に適切な窓関数をかける必要がある．たとえば，9 章で説明したハニング窓を用いた 20 次の LPF の周波数伝達特性は**図10･9** のようになり，ギブス現象を大幅に低減させることができる．

〔2〕 HPF の設計法

次に HPF の実現法を考えてみよう．HPF はカットオフ周波数 ω_H を境に高域の信号を通し低域の信号を阻止する特性をもつ．実は HPF の設計には，先ほどの LPF の設計を流用することができる．LPF の伝達関数 $H_L(\omega)$ は，正規化角

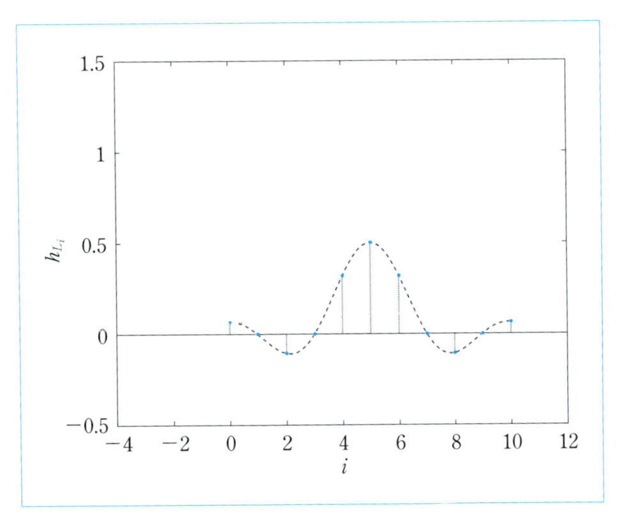

図10・7　h_{L_i} の平行移動

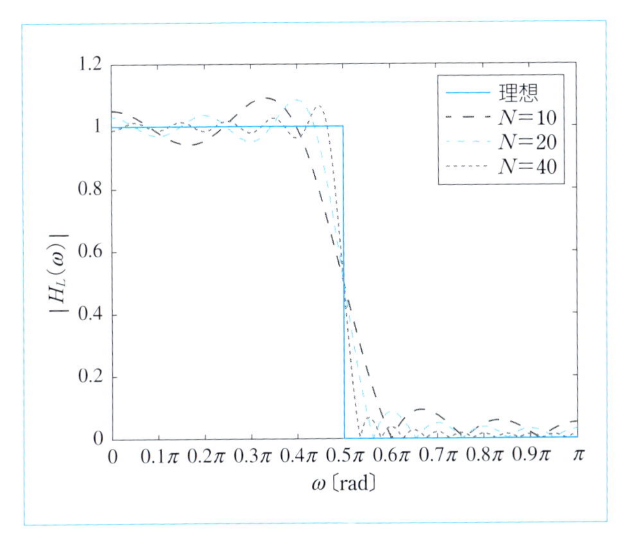

図 10・8 フィルタ次数の異なる LPF

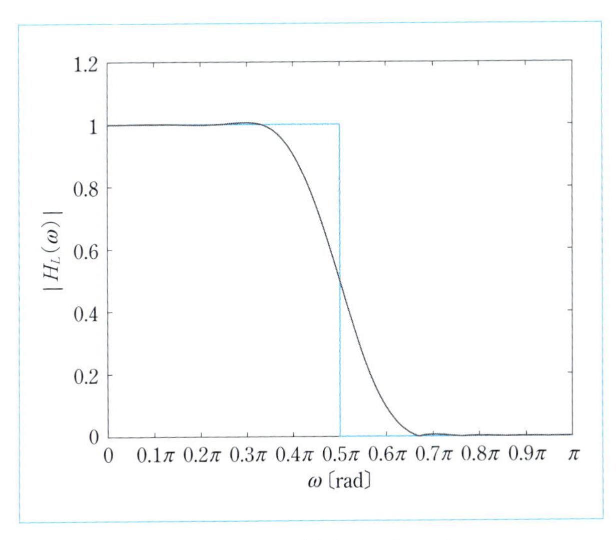

図 10・9 ハニング窓を用いた 20 次 LPF

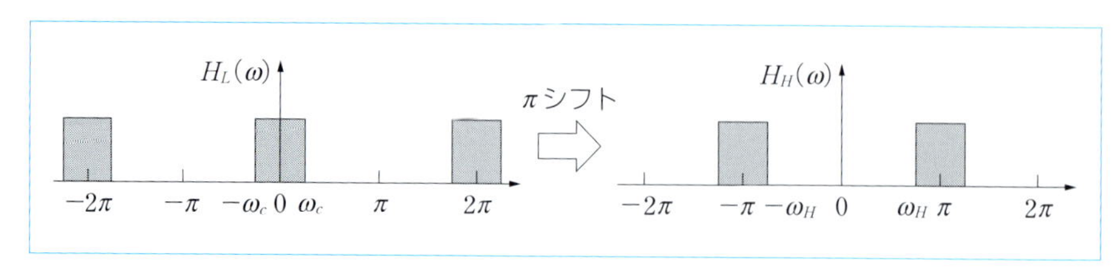

図 10・10　LPF から HPF への変換

周波数軸上では 2π ごとに繰り返されるので，**図 10・10** に示すように π だけ平行移動すると，$-\pi$ から π の範囲で，HPF の特性を作り出すことができる．つまり，$\omega_c=\pi-\omega_H$ としたときの LPF の設計を流用することができるのである．

このとき，$H_H(\omega)$ は

$$H_H(\omega)=H_L(\omega-\pi) \tag{10・9}$$

と書ける．フィルタのインパルス応答を打ち切る範囲を $i=\pm n$ とすると，$H_L(\omega)$ は正規化角周波数に対する離散信号のフーリエ変換により

$$H_L(\omega)=\frac{1}{2\pi}\sum_{i=-n}^{n}h_{L_i}e^{-j\omega i}$$

と書けるので

$$\begin{aligned}H_H(\omega)&=\frac{1}{2\pi}\sum_{i=-n}^{n}h_{L_i}e^{-j(\omega-\pi)i}\\&=\frac{1}{2\pi}\sum_{i=-n}^{n}h_{L_i}e^{j\pi i}e^{-j\omega i}\\&=\frac{1}{2\pi}\sum_{i=-n}^{n}h_{L_i}(-1)^i e^{-j\omega i}\end{aligned} \tag{10・10}$$

となる．したがって，HPF のインパルス応答は

$$h_{H_i}=(-1)^i h_{L_i} \tag{10・11}$$

として計算することができる．式 (10・11) に式 (10・8) を代入すると

$$\begin{aligned}h_{H_i}&=(-1)^i\frac{1}{\pi i}\sin(\omega_c i)\\&=(-1)^i\frac{1}{\pi i}\sin((\pi-\omega_H)i)\end{aligned} \tag{10・12}$$

が求まる．このように HPF のインパルス応答 h_{H_i} は LPF のインパルス応答 h_{L_i} を用いて簡易に計算することができるのである．インパルス応答が求まれば，あとはそれらをタップ係数として FIR フィルタを実現できる．

〔3〕 BPF の設計法

最後に，ω_L から ω_H までの周波数を通過させる BPF についても考えてみよう．BPF の伝達関数 $H_B(\omega)$ は，$\omega_c=(\omega_H-\omega_L)/2$ のように設計した LPF の伝達関数 $H_L(\omega)$ を $\omega_0=(\omega_H+\omega_L)/2$ だけ平行移動することで実現できる（**図 10・11**）．

このとき，$H_B(\omega)$ は

$$H_B(\omega)=H_L(\omega-\omega_0)+H_L(\omega+\omega_0) \tag{10・13}$$

と書ける．これはさらに

$$\begin{aligned} H_B(\omega)&=\frac{1}{2\pi}\sum_{i=-n}^{n}h_{L_i}e^{-j(\omega-\omega_0)i}+\frac{1}{2\pi}\sum_{i=-n}^{n}h_{L_i}e^{-j(\omega+\omega_0)i} \\ &=\frac{1}{2\pi}\sum_{i=-n}^{n}h_{L_i}e^{-j\omega i}(e^{j\omega_0 i}+e^{-j\omega_0 i}) \\ &=\frac{1}{2\pi}\sum_{i=-n}^{n}h_{L_i}\cdot 2\cos(\omega_0 i)e^{-j\omega i} \end{aligned} \tag{10・14}$$

と書ける．したがって，BPF のインパルス応答は

$$h_{B_i}=2\cos(\omega_0 i)\cdot h_{L_i} \tag{10・15}$$

と表せることがわかる．

そこで，式 (10・15) に式 (10・8) を代入すると

$$\begin{aligned} h_{B_i}&=2\cos(\omega_0 i)\frac{1}{\pi i}\sin(\omega_c i) \\ &=\frac{2}{\pi i}\cos\left(\frac{\omega_H+\omega_L}{2}i\right)\sin\left(\frac{\omega_H-\omega_L}{2}i\right) \end{aligned} \tag{10・16}$$

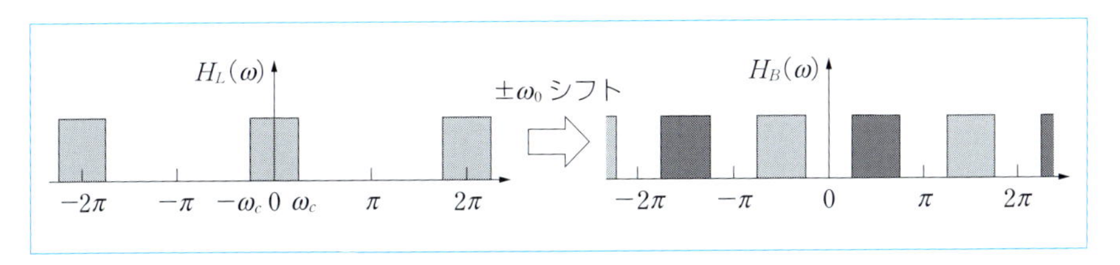

図 10・11　LPF から BPF への変換

となる．このようにBPFのインパルス応答h_{B_i}はLPFのインパルス応答h_{L_i}より求めることができる．

本章のまとめ

1 信号処理におけるフィルタは，信号の周波数特性を変化させるものであり，信号の不要な周波数成分を除去したり減衰させることで，必要な周波数成分のみからなる信号を得る処理である．

2 フィルタを実現するには，希望する特性をもつ周波数領域の伝達関数から時間領域のインパルス応答を求め，時間領域で畳み込み積分する．畳み込み積分の実現には，FIRフィルタとIIRフィルタによる構成法がある．

3 FIRフィルタでは，Nサンプル前の入力データが現在のサンプルに影響を与える．これをフィルタの次数とよぶ．次数が高いほど，急峻な周波数特性をもつフィルタを実現できるが，ギブス現象によりカットオフ周波数付近でリップルを生じるようになる．

4 ギブス現象の影響を低減するには窓関数を用いる．

5 HPFやBPFは，LPFで求めた伝達関数を用いて簡易に設計することが可能である．

演習問題

1 伝達特性が不明なフィルタがある場合，その伝達関数を推定するにはどのような処理をすればよいか．

2 任意の伝達特性をもつフィルタを設計するにはどうすればよいか．

演習問題解答

1章

1　階調数が256（0〜255）なので，各画素の輝度は1バイト（8ビット）で表される．画素の総数は512×512＝262 144なので容量は262 144（約262 k）バイトである．なお，カラー画像の場合はRGB（赤緑青）の情報が必要となるので，容量はその3倍，つまり約786 kバイト必要である．

2　低域通過フィルタによって音声信号から5 kHz以上の周波数成分を除去し，10 kHzの周波数でサンプリングする．

3　本文（p. 10）で述べたように，CDは音信号を44.1 kHzでサンプリングして，16ビットで量子化したディジタル信号をそのまま記録している．音信号の変化の規則性や冗長性をうまく利用すると，もとの音の品質をあまり落とすことなく，情報の一部を省略したり，符号化することによってデータの容量を1/10程度まで減らすことができる．これは情報圧縮といい，音信号に対してはMP 3，WAV，AACなどさまざまの方法がある．さらに静止画像ではJPEG，動画像ではMPEGなどの情報圧縮法が知られている．

2章

1　注目する画素を中心にして正方形の窓をとり，窓内の画素の輝度の平均をとって，その画素の値とする．この操作を画面全体の画素に対して行う．**解図1**

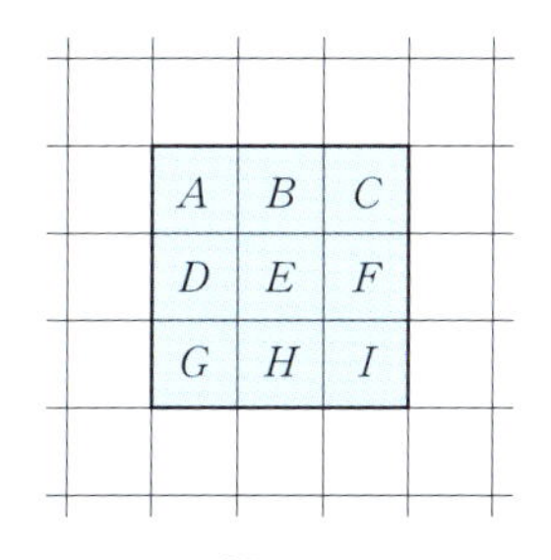

解図1

のように注目する画素を中心に3×3画素の窓をとった場合，中央の画素の移動平均値を

$$\frac{1}{9}(A+B+C+D+E+F+G+H+I)$$

のように定義する．

2　文字の輪郭部では輝度の変化が激しい．つまり，微分値が大きい．そこで画像を微分し，微分の絶対値が大きなところを描出する．微分の方法としてはたとえば前問と同様に窓をとり，左右および前後の画素について輝度の差をとる．3×3画素の窓の場合，たとえば中央の画素の微分値を

$$|C+F+I-(A+D+G)|+|(A+B+C-(G+H+I))|$$

のように定義する．この値が大きな画素を輪郭の候補として抽出していく．さらに輪郭を線画として描くためには候補画素を連結していく画像処理が必要である．

3章

1　距離は$\sqrt{6}$，内積は62，相関係数は0.98．$\boldsymbol{g}$方向の単位ベクトルは$\boldsymbol{g}'=\boldsymbol{g}/\|\boldsymbol{g}\|=(3/7,\ -2/7,\ 6/7)$であり，$\boldsymbol{f}$の$\boldsymbol{g}$方向成分は$\langle \boldsymbol{f}, \boldsymbol{g}' \rangle$である．結果は8.86．

2　略．

3　それぞれの関数のノルムが1，関数のすべての組合せについて内積が0であることを示す．

4章

1　たとえば，スピーカから音を発し，位置の異なる2点のマイクロホンで集音する．入力された信号間で相互相関関数を計算してピークを求める．これから音が伝わる時間差τがわかる．マイクロホン間の距離をτで割れば音速が求められる（p.58の図4·5を参照）．

2　相互相関関数は**解図2**のようになる．図から，$j=3$，つまり5か月の差で相関が最大になる．このことから，F市は北半球型，G市は南半球型の気温変化であることがわかる．

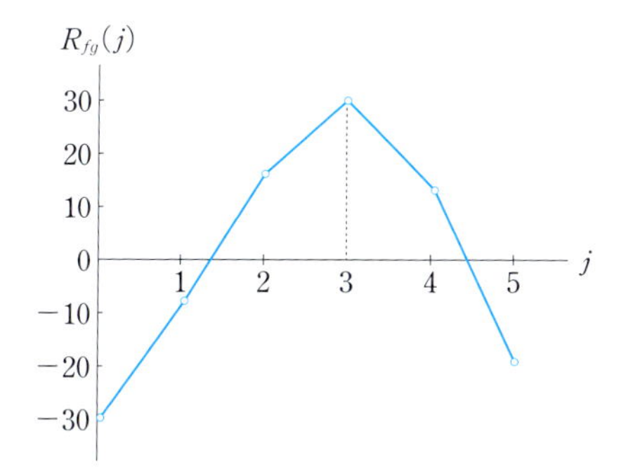

解図 2

3

$$
\begin{aligned}
R_{ff}(-\tau) &= \lim_{T\to\infty}\frac{1}{T}\int_0^T f(t)f(t-\tau)dt \\
&= \lim_{T\to\infty}\frac{1}{T}\int_0^T f(t-\tau)f(t)dt \\
&= \lim_{T\to\infty}\frac{1}{T}\int_{0-\tau}^{T-\tau} f(t)f(t+\tau)dt \\
&= \lim_{T\to\infty}\frac{1}{T}\int_0^T f(t)f(t+\tau)dt \\
&= R_{ff}(\tau)
\end{aligned}
$$

したがって，自己相関関数は偶関数であり，$\tau=0$ で左右対象となる．

5章

1 絶対値については

$$
\begin{aligned}
|z_1\cdot z_2|^2 &= |(\alpha_1+j\beta_1)(\alpha_2+j\beta_2)|^2 = |\alpha_1\alpha_2-\beta_1\beta_2+j(\alpha_1\beta_2+\beta_1\alpha_2)|^2 \\
&= (\alpha_1\alpha_2-\beta_1\beta_2)^2+(\alpha_1\beta_2+\beta_1\alpha_2)^2 \\
&= \alpha_1^2\alpha_2^2+\beta_1^2\beta_2^2+\alpha_1^2\beta_2^2+\beta_1^2\alpha_2^2 \\
&= (\alpha_1^2+\beta_1^2)(\alpha_2^2+\beta_2^2) = |z_1|^2\cdot|z_2|^2
\end{aligned}
$$

となるので $|z_1\cdot z_2|=|z_1|\cdot|z_2|$ である．

また，偏角については

$$
\tan\{\angle(z_1\cdot z_2)\} = \tan[\angle\{\alpha_1\alpha_2-\beta_1\beta_2+j(\alpha_1\beta_2+\beta_1\alpha_2)\}]
$$

$$=\frac{\alpha_1\beta_2+\beta_1\alpha_2}{\alpha_1\alpha_2-\beta_1\beta_2}$$

であり，一方

$$\tan(\angle z_1+\angle z_2)=\frac{\tan\angle z_1+\tan\angle z_2}{1-\tan\angle z_1\tan\angle z_2}=\frac{\dfrac{\beta_1}{\alpha_1}+\dfrac{\beta_2}{\alpha_2}}{1-\dfrac{\beta_1}{\alpha_1}\dfrac{\beta_2}{\alpha_2}}$$

$$=\frac{\dfrac{\alpha_1\beta_2+\beta_1\alpha_2}{\alpha_1\alpha_2}}{\dfrac{\alpha_1\alpha_2-\beta_1\beta_2}{\alpha_1\alpha_2}}=\frac{\alpha_1\beta_2+\beta_1\alpha_2}{\alpha_1\alpha_2-\beta_1\beta_2}$$

であるので，$\angle(z_1\cdot z_2)=\angle z_1+\angle z_2$ となる．

2　$f(t)=|t|$ は偶関数だから，複素フーリエ係数の虚部はすべて 0 となる（p. 84 の MEMO を参照）．複素フーリエ係数は

$$C_0=\frac{\pi}{2},\qquad C_k=-\frac{(-1)^{k+1}+1}{\pi k^2}$$

であり，$f(t)$ は例題と同様に展開される．

3　$f(t)=|\cos t|$ の周期は π だから

$$C_k=\frac{1}{\pi}\int_{-\pi/2}^{\pi/2}(\cos t)e^{-j2kt}dt=\frac{1}{\pi}\int_{-\pi/2}^{\pi/2}\frac{e^{jt}+e^{-jt}}{2}e^{-j2kt}dt$$

$$=\frac{1}{2\pi}\int_{-\pi/2}^{\pi/2}(e^{j(1-2k)t}+e^{-j(1+2k)t})\,dt$$

$$=\frac{1}{2\pi}\left(\left[\frac{e^{j(1-2k)t}}{j(1-2k)}\right]_{-\pi/2}^{\pi/2}+\left[\frac{e^{-j(1+2k)t}}{-j(1+2k)}\right]_{-\pi/2}^{\pi/2}\right)$$

$$=(-1)^{k+1}\frac{2}{(4k^2-1)\pi}$$

$f(t)$ は偶関数なので C_k の虚部は 0 となった．したがって

$$|\cos t|=\frac{2}{\pi}\sum_{k=-\infty}^{\infty}\frac{(-1)^{k+1}}{4k^2-1}e^{j2kt}$$

6章

1　$\cos\omega_0 t$ は $\omega=\pm\omega_0$ のみにスペクトルをもつ．また，偶関数であるので，フーリエ変換は実数である．式で表すと

$$\begin{aligned}\mathcal{F}\{\cos\omega_0 t\} &= \int_{-\infty}^{\infty} \cos\omega_0 t e^{-j\omega t} dt \\ &= \frac{1}{2}\left\{\int_{-\infty}^{\infty} e^{-j(\omega-\omega_0)t} dt + \int_{-\infty}^{\infty} e^{-j(\omega+\omega_0)t} dt\right\} \\ &= \frac{1}{2}\{2\pi\delta(\omega-\omega_0) + 2\pi\delta(\omega+\omega_0)\} \\ &= \pi[\delta(\omega-\omega_0) + \delta(\omega+\omega_0)]\end{aligned}$$

となる．振幅スペクトルは**解図 3** のようになる．位相スペクトルはあらゆる ω で 0 である．

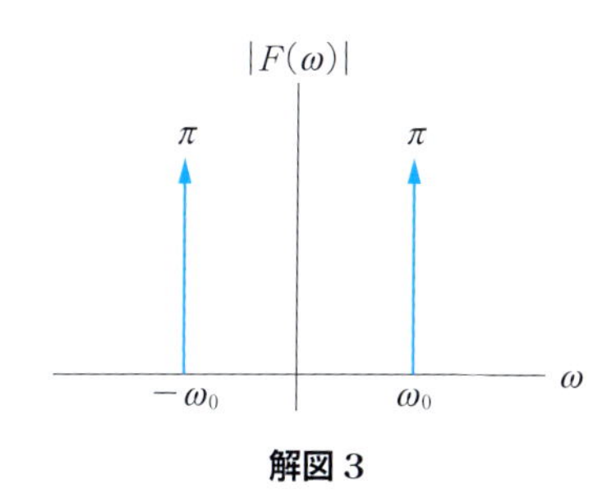

解図 3

また，式 (6·4) より，$\mathcal{F}\{\cos\omega_0(t+\tau)\} = e^{j\omega_0\tau}\pi[\delta(\omega-\omega_0)+\delta(\omega+\omega_0)]$ である．振幅スペクトルは変わらず，位相スペクトルは $\omega\tau\,(\omega=\pm\omega_0)$ となる．

2

$$f(t) = \frac{1}{2\pi}\int_{-\infty}^{\infty} F(\omega) e^{j\omega t} d\omega$$

であるので両辺を t で微分すると

$$\begin{aligned}\frac{df(t)}{dt} &= \frac{d}{dt}\left\{\frac{1}{2\pi}\int_{-\infty}^{\infty} F(\omega) e^{j\omega t} d\omega\right\} \\ &= \frac{1}{2\pi}\int_{-\infty}^{\infty}\left\{F(\omega)\frac{de^{j\omega t}}{dt}\right\} d\omega \\ &= \frac{1}{2\pi}\int_{-\infty}^{\infty}\{j\omega F(\omega)\} e^{j\omega t} d\omega\end{aligned}$$

となる．つまり，$df(t)/dt$ のフーリエ変換は $j\omega F(\omega)$ である．このように，時間領域での微分は，周波数領域では $j\omega$ を掛けることに等しい．ちなみに，時間領域での積分は，周波数領域では $j\omega$ で割ることに等しい．

3 偶関数，奇関数の定義から

$$f(-t)=g(-t)+h(-t)$$
$$=g(-t)-h(-t)$$

であるので

$$g(t)=\frac{1}{2}\{f(t)+f(-t)\},\qquad h(t)=\frac{1}{2}\{f(t)-f(-t)\}$$

偶関数のフーリエ変換は実数，奇関数のフーリエ変換は虚数となる（p. 84 の MEMO を参考）．したがって

$$\mathcal{F}\{f(t)\}=\mathcal{F}\{g(t)\}+\mathcal{F}\{h(t)\}$$
$$=G(\omega)+H(\omega)$$

であり，$G(\omega)=\mathrm{Re}[F(\omega)]$，$H(\omega)=j\,\mathrm{Im}[F(\omega)]$ となる．

7章

1　$N=8$ より $\Delta\omega=2\pi/8$ とおく．$f_i=\cos(3\Delta\omega i)$,（$i=0, 1, 2, \cdots, 7$）の DFT は，式（7·5）から

$$C_k=\frac{1}{8}\sum_{i=0}^{7}\cos(3\Delta\omega_i)e^{-j\Delta\omega ki}=\frac{1}{8\times 2}\sum_{i=0}^{7}(e^{j3\Delta\omega i}+e^{-j3\Delta\omega i})e^{-j\Delta\omega ki}$$

$$=\frac{1}{16}\sum_{i=0}^{7}(e^{j(3-k)\Delta\omega i}+e^{-j(3+k)\Delta\omega i})=\begin{cases}\dfrac{1}{2} & (k=\pm 3)\\ 0 & (k\neq\pm 3)\end{cases}$$

2　(1)　解析できる信号の最高周波数はサンプリング周波数の 1/2，つまり 500 Hz，サンプリング間隔が 1 ms で 512 点をサンプリングするので，基本波の周期は 0.512 秒，周波数は 1.95 Hz.

(2)　有効なフーリエ係数は $C_0, C_1, \cdots, C_{511}$ であるが，$C_{257}, C_{258}, \cdots, C_{511}$ は負の次数のスペクトルを表している．したがって

$$C_k=\begin{cases}X(k+1)+jY(k+1) & (k=0, 1, \cdots, K)\\ X(N+1+k)+jY(N+1+k) & (k=-1, -2, \cdots, -(K-1))\end{cases}$$

ただし $K=256$.

3　式（7·3）の左辺と $\boldsymbol{f}$ の内積をとると

$$\langle \boldsymbol{f}, \boldsymbol{f}\rangle=\frac{1}{N}\sum_{i=0}^{N-1}|f_i|^2$$

右辺と $\boldsymbol{f}$ の内積をとると

$$\left\langle \sum_{k=0}^{N-1} C_k \boldsymbol{e}_k,\ \sum_{i=0}^{N-1} C_l \boldsymbol{e}_l \right\rangle = \sum_{k=0}^{N-1} \sum_{i=0}^{N-1} \langle C_k \boldsymbol{e}_k,\ C_l \boldsymbol{e}_l \rangle = \sum_{k=0}^{N-1} \sum_{i=0}^{N-1} C_k \overline{C_l} \langle \boldsymbol{e}_k,\ \boldsymbol{e}_l \rangle$$

$$= \sum_{k=0}^{N-1} \sum_{i=0}^{N-1} C_k \overline{C_l} \delta_{kl} = \sum_{k=0}^{N-1} |C_k|^2$$

したがって，DFT においてもパーシバルの定理が成立する．

4

元の番号		ビットリバーサル後の番号	
10 進数	2 進数	2 進数	10 進数
0	0000	0000	0
1	0001	1000	8
2	0010	0100	4
3	0011	1100	12
4	0100	0010	2
5	0101	1010	10
6	0110	0110	6
7	0111	1110	14
8	1000	0001	1
9	1001	1001	9
10	1010	0101	5
11	1011	1101	13
12	1100	0011	3
13	1101	1011	11
14	1110	0111	7
15	1111	1111	15

8章

1　式 (8·3) に従って積分を計算するために，$x(t)$，$h(t)$ の変数を τ に置き換えると，それらは**解図 4** のようになる．

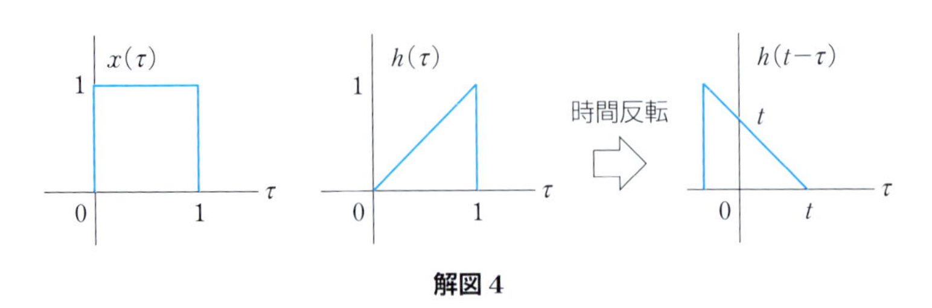

解図 4

よって，t を**解図 5** のように場合分けして畳み込み積分を行う．

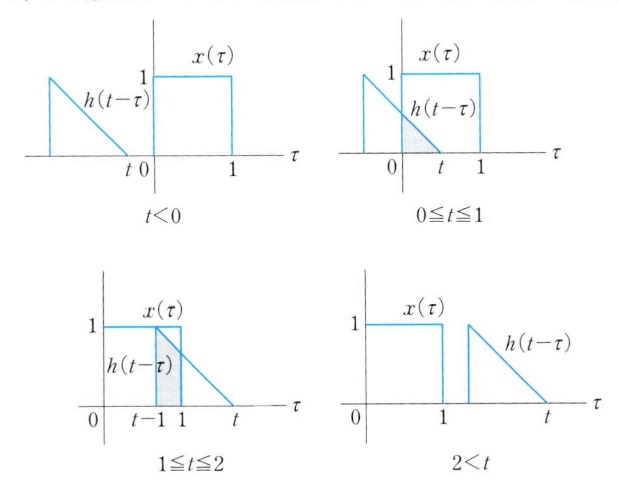

解図 5

(1)　$t<0$, $t>2$ のとき

$$y(t)=0$$

(2)　$0 \leqq t \leqq 1$ のとき

$$y(t)=\int_0^t 1\cdot(t-\tau)\,d\tau$$

$$=\left[t\tau-\frac{1}{2}\tau^2\right]_0^t$$

$$=\frac{1}{2}t^2$$

(3)　$1 \leqq t \leqq 2$ のとき

$$y(t)=\int_{t-1}^1 1\cdot(t-\tau)\,d\tau$$

$$=\left[t\tau-\frac{1}{2}\tau^2\right]_{t-1}^{1}$$

$$=-\frac{1}{2}t^2+t$$

よって $y(t)$ は次式のようになる．

$$y(t)=\begin{cases} 0 & (t<0,\ 2<t) \\ \dfrac{1}{2}t^2 & (0\leqq t\leqq 1) \\ -\dfrac{1}{2}t^2+t & (1\leqq t\leqq 2) \end{cases}$$

これを図示すると，**解図 6** のようになる．

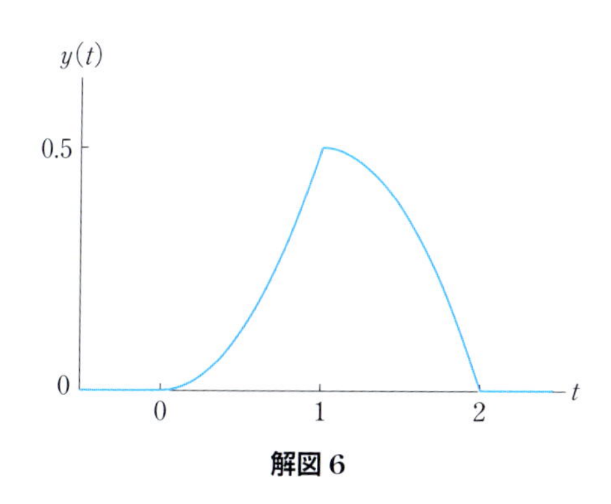

解図 6

2　フーリエ変換の定義から

$$\mathcal{F}\{f(t)g(t)\}=\int_{-\infty}^{\infty}f(t)g(t)e^{-j\omega t}dt$$

$$=\int_{-\infty}^{\infty}\left(\frac{1}{2\pi}\int_{-\infty}^{\infty}F(\alpha)e^{j\alpha t}d\alpha\right)g(t)e^{-j\omega t}dt$$

積分の順序を入れ換えて

$$\mathcal{F}\{f(t)g(t)\}=\frac{1}{2}\int_{-\infty}^{\infty}F(\alpha)\left\{\int_{-\infty}^{\infty}g(t)e^{j\alpha t}e^{-j\omega t}dt\right\}d\alpha$$

$$=\frac{1}{2\pi}\int_{-\infty}^{\infty}F(\alpha)G(\omega-\alpha)d\alpha=\frac{1}{2\pi}F(\omega)*G(\omega)$$

つまり，時間領域の関数の積は周波数領域ではフーリエ変換の畳み込み積分で表される．

3　時間領域

$$y(t)=h_1(t)*h_2(t)*x(t)$$

周波数領域

$$Y(\omega)=H_1(\omega)\cdot H_2(\omega)\cdot X(\omega)$$

9章

1　サンプリング間隔は，$T_s=1/50$ s であるので，正弦波の正規化角周波数は，$\omega=2\pi/50$ rad となる．また，周波数分解能は $\Delta\omega=50/32=1.5625$ Hz となる．

2　デルタ関数列は周期関数であるので，フーリエ級数展開が可能である．そこで，まずフーリエ係数を求める．いま，積分範囲 $[-T_0/2, T_0/2]$ のなかにはデルタ関数は一つのみ含まれ，それは $t=0$ のときなので

$$C_k=\frac{1}{T_0}\int_{-T_0/2}^{T_0/2}\delta(t)e^{-j\omega_0kt}dt$$

$$=\frac{1}{T_0}e^{-j\omega_0k\cdot 0}=\frac{1}{T_0},\qquad \left(\omega_0=\frac{2\pi}{T_0}\right)$$

と計算でき，周波数によらず一定の値（$1/T_0$）をもつ．これよりデルタ関数列はフーリエ級数を用いて

$$\delta_S(t)=\frac{1}{T_0}\sum_{k=-\infty}^{\infty}e^{j\omega_0kt}$$

と表せる．

この式を用いて，デルタ関数列を周期関数とみなさなずに DFT を行うと

$$\mathcal{F}\{\delta_S(t)\}=\int_{-\infty}^{\infty}\delta_S(t)e^{-j\omega t}dt$$

$$=\int_{-\infty}^{\infty}\frac{1}{T_0}\sum_{k=-\infty}^{\infty}e^{j\omega_0kt}e^{-j\omega t}dt$$

$$=\frac{1}{T_0}\sum_{k=-\infty}^{\infty}\int_{-\infty}^{\infty}e^{-j(\omega-\omega_0k)t}dt$$

$$=\frac{1}{T_0}\sum_{k=-\infty}^{\infty}2\pi\delta(\omega-\omega_0k)$$

$$=\omega_0\sum_{k=-\infty}^{\infty}\delta(\omega-\omega_0k)$$

となる．したがって，デルタ関数列をDFT処理すると，周波数領域でもデルタ関数列で表されるスペクトルとなる．

3　窓長1のハミング窓は次のように表される．

$$w(t)=0.54-0.46\cos 2\pi t, \qquad (0 \leqq t \leqq 1)$$

よってハミング窓の面積 A_h は

$$A_h=\int_0^1 w(t)\,dt=\int_0^1 (0.54-0.46\cos 2\pi t)\,dt$$

$$=\left[0.54t-\frac{0.46}{2\pi}\sin 2\pi t\right]_0^1=0.54$$

であるので，振幅補正の係数 R_a は

$$R_a=\frac{A_h}{A_r}=0.54$$

ハミング窓の電力P_hは

$$P_h=\int_0^1 w^2(t)\,dt=\int_0^1 \{0.54-0.46\cos 2\pi t\}^2 dt$$

$$=\int_0^1 (0.2916-0.4968\cos 2\pi t+0.2116\cos^2(2\pi t))\,dt$$

$$=\int_0^1 (0.2916-0.4968\cos 2\pi t+0.1058+0.1058\cos 4\pi t)\,dt$$

$$=\left[0.3974t-\frac{0.4968}{2\pi}\sin 2\pi t+\frac{0.1058}{4\pi}\sin 4\pi t\right]_0^1$$

$$=0.3974$$

であるので，電力補正の係数 R_p は

$$R_p=\frac{P_h}{P_r}=0.3974$$

ハミング窓の等価雑音帯域幅補正係数は

$$R_b=\frac{R_p}{{R_a}^2}=\frac{0.3974}{(0.54)^2}=1.363$$

10章

1　すべての周波数にわたって均一の周波数スペクトルをもつ信号，すなわち時間領域でインパルス信号を入力したときの出力を観測して周波数特性を求め

ると，それがフィルタの周波数伝達関数となる．つまりインパルス応答を求めればよい．

2　周波数領域で希望するフィルタの特性を記述し，それを IDFT 処理する．あとは，得られた結果をもとに 10·3 と同じ処理をすれば設計可能である．

索　　引

サ 行

タ　行

ナ　行

ハ　行

マ・ラ行

英数字

〈監修者略歴〉

雨宮好文（あめみや　よしふみ）

昭和19年　東京工業大学電気工学科卒業
昭和21年　鉄道技術研究所勤務
昭和32年　工学博士
昭和45年　名古屋大学教授
昭和60年　千葉工業大学教授
平成4年　金沢工業大学特任教授
平成22年　逝　去
　　　　　名古屋大学名誉教授

〈著者略歴〉

佐藤幸男（さとう　ゆきお）

昭和55年　慶應義塾大学大学院工学研究科博士課程修了
昭和55年　工学博士
平成7年～17年　名古屋工業大学教授
平成17年～27年　慶応義塾大学大学院理工学研究科教授
現　在　株式会社スペースビジョン代表取締役社長
　　　　名古屋工業大学名誉教授

佐波孝彦（さば　たかひこ）

平成9年　慶應義塾大学大学院理工学研究科後期博士課程修了
平成9年　博士（工学）
平成9年　名古屋工業大学助手
平成10年　千葉工業大学講師
現　在　千葉工業大学副学長・教授

図解メカトロニクス入門シリーズ
信号処理入門（改訂3版）

1987年1月20日　第1版第1刷発行
1999年2月20日　改訂2版第1刷発行
2019年3月10日　改訂3版第1刷発行
2023年2月10日　改訂3版第5刷発行

監修者　雨宮好文
著　者　佐藤幸男・佐波孝彦
発行者　村上和夫
発行所　株式会社 オーム社
　郵便番号　101-8460
　東京都千代田区神田錦町3-1
　電話　03(3233)0641(代表)
　URL https://www.ohmsha.co.jp/

印刷　中央印刷　　製本　協栄製本
ISBN978-4-274-22280-1　Printed in Japan

新インターユニバーシティシリーズのご紹介

- 全体を「共通基礎」「電気エネルギー」「電子・デバイス」「通信・信号処理」「計測・制御」「情報・メディア」の６部門で構成
- 現在のカリキュラムを総合的に精査して，セメスタ制に最適な書目構成をとり，どの巻も各章１講義，全体を半期２単位の講義で終えられるよう内容を構成
- 実際の講義では担当教員が内容を補足しながら教えることを前提として，簡潔な表現のテキスト，わかりやすく工夫された図表でまとめたコンパクトな紙面
- 研究・教育に実績のある，経験豊かな大学教授陣による編集・執筆

各巻 定価(本体2300円【税別】)

電子回路
岩田 聡　編著■A5判・168頁

【主要目次】 電子回路の学び方／信号とデバイス／回路の働き／等価回路の考え方／小信号を増幅する／組み合わせて使う／差動信号を増幅する／電力増幅回路／負帰還増幅回路／発振回路／オペアンプ／オペアンプの実際／MOSアナログ回路

ディジタル回路
田所 嘉昭　編著■A5判・180頁

【主要目次】 ディジタル回路の学び方／ディジタル回路に使われる素子の働き／スイッチングする回路の性能／基本論理ゲート回路／組合せ論理回路（基礎／設計）／順序論理回路／演算回路／メモリとプログラマブルデバイス／A-D，D-A変換回路／回路設計とシミュレーション

電気・電子計測
田所 嘉昭　編著■A5判・168頁

【主要目次】 電気・電子計測の学び方／計測の基礎／電気計測（直流／交流）／センサの基礎を学ぼう／センサによる物理量の計測／計測値の変換／ディジタル計測制御システムの基礎／ディジタル計測制御システムの応用／電子計測器／測定値の伝送／光計測とその応用

システムと制御
早川 義一　編著■A5判・192頁

【主要目次】 システム制御の学び方／動的システムと状態方程式／動的システムと伝達関数／システムの周波数特性／フィードバック制御系とブロック線図／フィードバック制御系の安定解析／フィードバック制御系の過渡特性と定常特性／制御対象の同定／伝達関数を用いた制御系設計／時間領域での制御系の解析・設計／非線形システムとファジィ・ニューロ制御／制御応用例

パワーエレクトロニクス
堀 孝正　編著■A5判・170頁

【主要目次】 パワーエレクトロニクスの学び方／電力変換の基本回路とその応用例／電力変換回路で発生するひずみ波形の電圧，電流，電力の取扱い方／パワー半導体デバイスの基本特性／電力の変換と制御／サイリスタコンバータの原理と特性／DC-DCコンバータの原理と特性／インバータの原理と特性

電気エネルギー概論
依田 正之　編著■A5判・200頁

【主要目次】 電気エネルギー概論の学び方／限りあるエネルギー資源／エネルギーと環境／発電機のしくみ／熱力学と火力発電のしくみ／核エネルギーの利用／力学的エネルギーと水力発電のしくみ／化学エネルギーから電気エネルギーへの変換／光から電気エネルギーへの変換／熱エネルギーから電気エネルギーへの変換／再生可能エネルギーを用いた種々の発電システム／電気エネルギーの伝送／電気エネルギーの貯蔵

電力システム工学
大久保 仁　編著■A5判・208頁

【主要目次】 電力システム工学の学び方／電力システムの構成／送電・変電機器・設備の概要／送電線路の電気特性と送電容量／有効電力と無効電力の送電特性／電力システムの運用と制御／電力系統の安定性／電力システムの故障計算／過電圧とその保護・協調／電力システムにおける開閉現象／配電システム／直流送電／環境にやさしい新しい電力ネットワーク

固体電子物性
若原 昭浩　編著■A5判·152頁

【主要目次】 固体電子物性の学び方／結晶を作る原子の結合／原子の配列と結晶構造／結晶による波の回折現象／固体中を伝わる波／結晶格子原子の振動／自由電子気体／結晶内の電子のエネルギー帯構造／固体中の電子の運動／熱平衡状態における半導体／固体での光と電子の相互作用